■ 우크라이나 프리피야티. 1970년대에 체르노빌 원자력발전소 직원의 거주지로 건설됐다. 1986년 4월, 원자로 한 기가 폭발하자 전 주민이 즉시 대피해야 했다. 사진 위쪽 지평선 위로 보이는 부서진 원자로는 여전히 위험한 방사능 유출을 막기 위해 아치형 콘크리트 구조물로 밀봉됐다. ⓒ키런 오도노번

■ 당시 최신 설계에 따라 건설돼 무도장, 학교, 수영장, 전화 부스를 완비한 아파트 단지. 모든 것이 버려지자 숲이 돌아와 영토를 되찾았다. ⓒ막심 마루센코/누르포토/게티

■ 〈동물원 탐사: 파라과이 편〉 촬영 장면. 내가 여섯띠아르마딜로를 카메라에 대고
　소개하는 동안 뒤에서 두발가락나무늘보가 나뭇가지에 매달린 채 조명을 기다린다. ⓒBBC

◥ 찰스 레이거스와 나는 1954년 시에라리온으로 떠났다. 당시는 서아프리카까지
　하룻밤에 갈 수 있는 항공편이 없어서 첫날은 카사블랑카에 기착해야 했다. ⓒ데이비드 애튼버러

◩ 그때껏 외부와 접촉이 없던 뉴기니 중부 비아미족 족장이 인근 강을 헤아린다. 숫자 세는 동작이
　부족마다 다르기에, 동작을 보면 그가 어느 부족과 거래하는지 알 수 있다. ⓒ데이비드 애튼버러

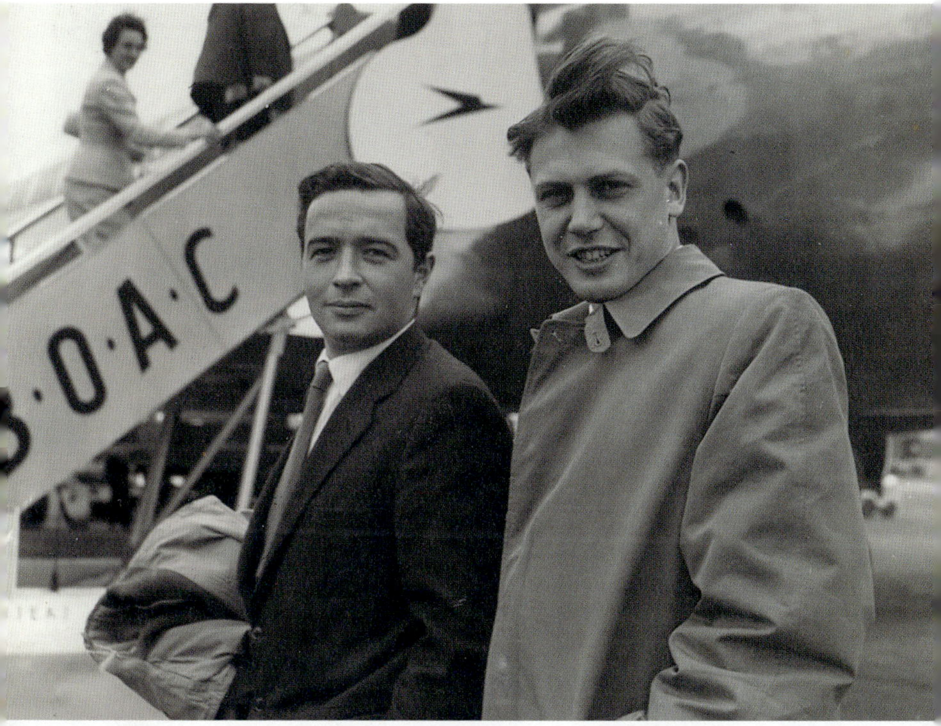

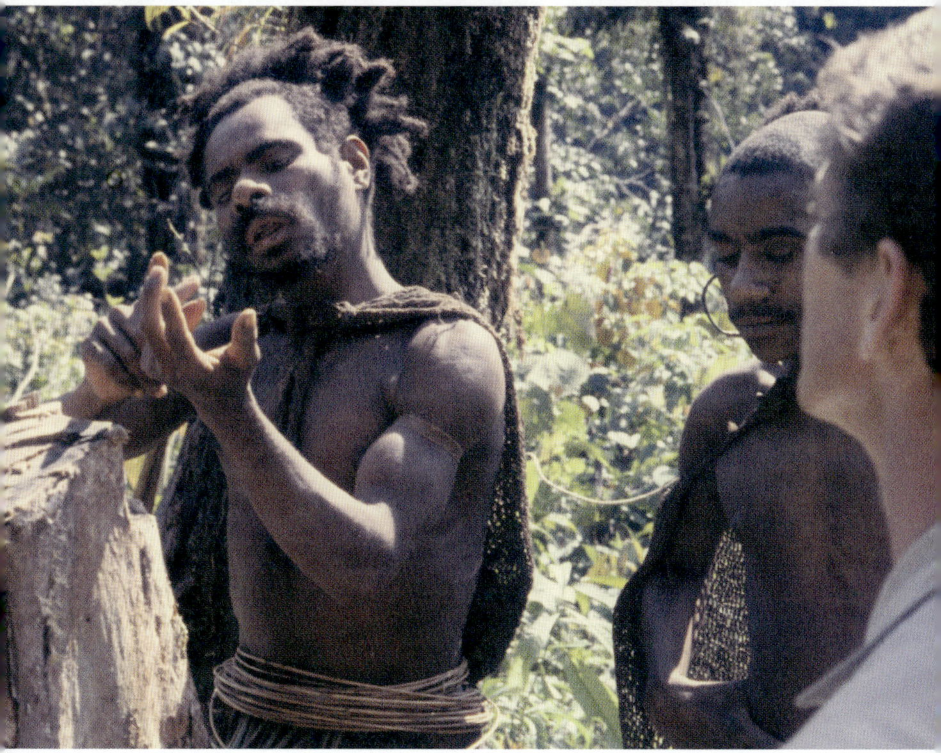

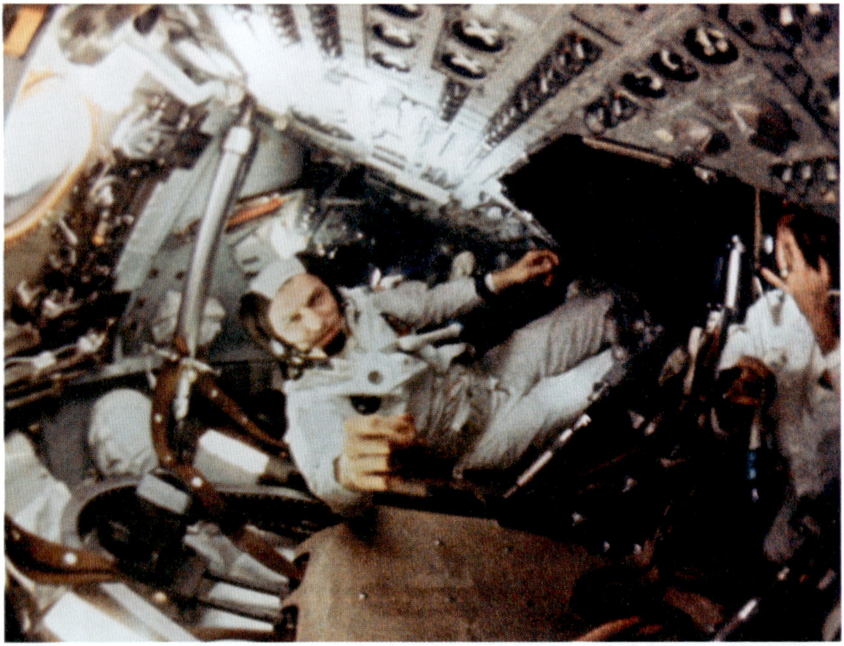

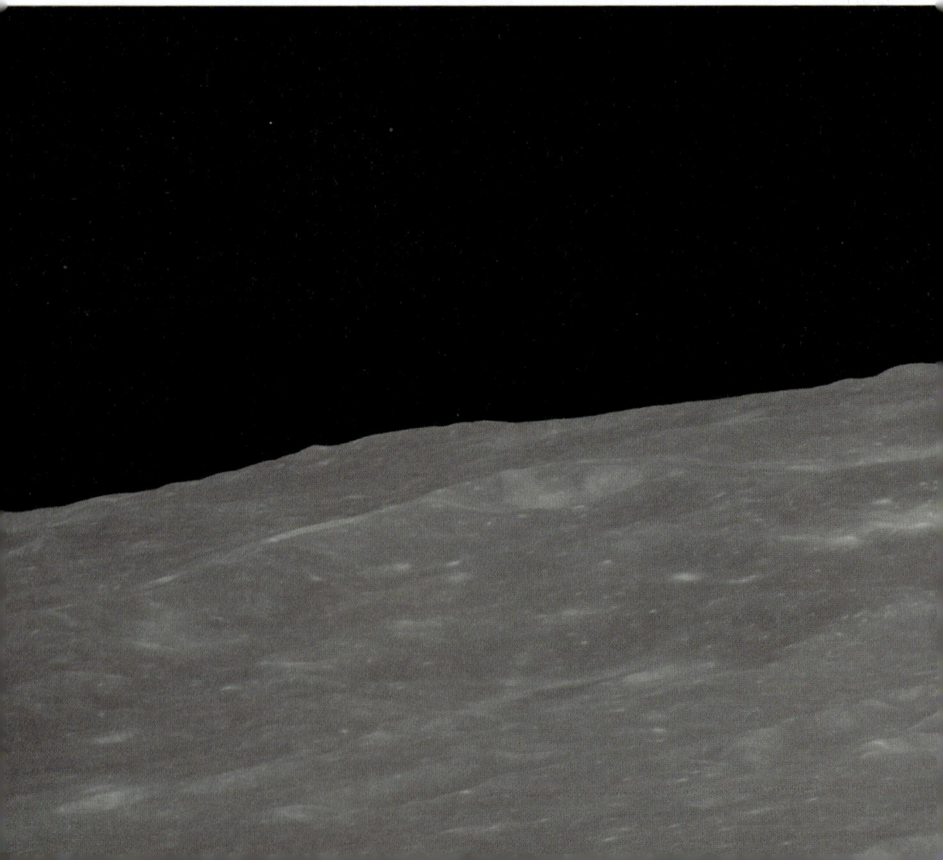

■ 1968년 달 궤도를 돈 아폴로 8호의 프랭크 보먼 선장. ©미 항공우주국

▣ 아폴로 8호에서 본 지구의 첫 모습.
   이 사진은 우리가 지구와 스스로를 인식하는 태도를 바꿨다. ©미 항공우주국

■ 산불이 걷잡을 수 없이 번지면서 오스트레일리아 남동부 해안에서 짙은 갈색 연기 기둥이 들성듬성한 흰 구름을 가렸다. 2019~2020년 여름에 700만 헥타르가 연기로 사라졌으며 30억 마리 이상의 동물이 죽거나 보금자리를 잃었다. 당시 오스트레일리아 정부의 여러 인사는 부인했지만 기후변화가 원인으로 지목됐다. ⓒ지오픽스/앨러미

■ 〈프로즌 플래닛〉을 촬영하는 동안 우리는 노르웨이 극지연구소 과학자를 따라다녔다. 그들은 헬리콥터에서 마취 총을 쏘아 북극곰을 마취했다. 다년간의 연구에 따르면 북극곰은 바다얼음의 감소 때문에 물범 사냥이 힘들어지자 몸무게가 줄었으며 이 추세가 지속되면 결국 멸종에 이른다. ⓒBBC

■ 이집트 홍해에서 보는 것과 같은 산호초는 지구상에서 생물 다양성이 가장 풍부한 서식처로
손꼽힌다. 하지만 산호초는 풍부하고 복잡한 생태계인 반면에 연약하다. 기후변화가 지금
속도로 진행되면 바닷물이 따뜻해지고 산성화돼 전 세계 산호초의 90퍼센트가 수십 년 안에
사라진다고 예측하는 사람도 있다. ⓒ조르제트 두마/*naturepl.com*

▣ 산호 백화현상은 종종 해수 온난화로 생기며 산호초가 스트레스를 받는다는 신호다.
수온이 올라가면 산호 속 유기체는 신체 조직 안에 사는 색색의 조류를 방출한다.
그러면 상당수 산호가 죽으며 산호가 스스로를 위해 만든 백색 구조물이 드러난다.
ⓒ위르겐 프로인트/*naturepl.com*

혹등고래는 여느 대형 고래와 마찬가지로 20세기 전반기 상업적 고래잡이 선단의 표적이었다. 고래잡이가 금지된 뒤로 혹등고래 개체 수는 고작 수천 마리에서 약 8만 마리로 회복됐다. 이는 자연이 기회가 생긴다면 얼마나 빨리 회복할 수 있는지 보여 주는 증거다. ©브랜든 콜/naturepl.com

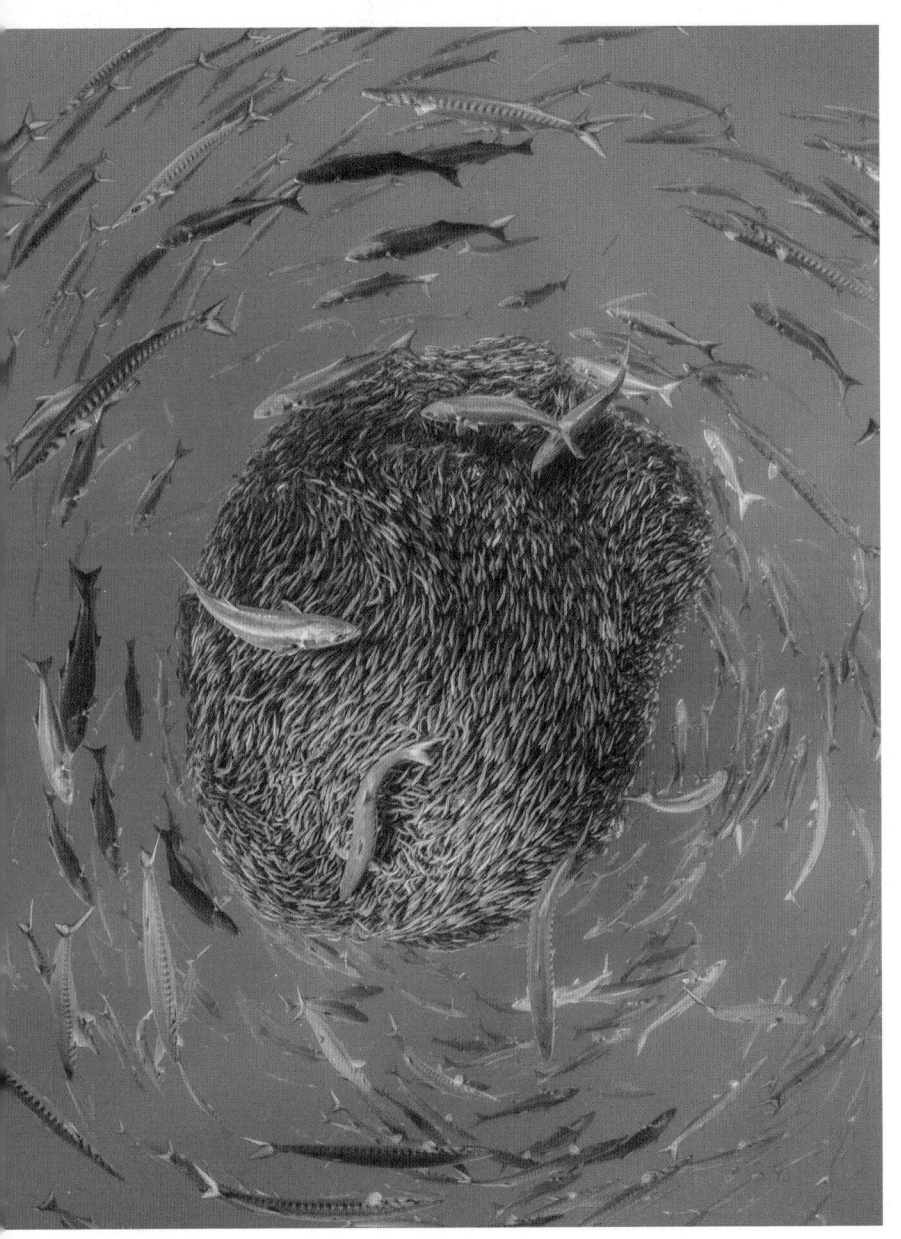

난바다는 대부분 넓고 푸른 사막이다. 하지만 해수면 근처에 영양물질이 모이면
플랑크톤이 번성해 소동이 벌어진다. 이 사진에서는 플랑크톤에 이끌린 고등어 떼가
꼬치고기와 푸른농어에 쫓겨 먹이공을 형성한다.

©호르디 치아스/naturepl.com

- 플라스틱으로 인한 해수 오염. 고래상어가 오염된 물속에서 먹이를 먹다가 비닐봉지를 삼킨다. ©리치 케리/Shutterstock
- 베이징 외곽 둥샤오커우에서 중국인 인부가 재활용을 위해 플라스틱 병을 분류한다. ©프레드 뒤푸르/AFP/게티

■ 태평양의 외딴 환초 크리스마스섬 해변에 밀려든 플라스틱 쓰레기.
©게리 벨/오션와이드/naturepl.com

■ 태평양 쿠레 환초에서 하와이몽크물범 한 마리가 어구漁具에 걸렸다. 이 물범은
나중에 사진가에 의해 풀려났다. ©마이클 피츠/naturepl.com

■ 해달은 생산성이 가장 높은 해양 서식처 중 하나인 다시마숲의 핵심 종이다. 해달은 다시마를
먹는 성게를 잡아먹어 바닷말 숲이 무성토록 한다. 이는 생물 다양성이 증가할수록 자연계가
탄소를 포집해 저장하는 능력이 커진다는 것을 보여 주는 사례. ©버티 그레고리/naturepl.com

■ 유럽들소는 무차별 사냥 때문에 20세기 초 야생에서 멸종했으나, 포획된 개체가 재도입돼
여러 국가에서 터전을 얻으며 유럽 재야생화 사업의 상징이 된다.
©와일드 원더스 오브 유럽/운테르티너/naturepl.com

■ 팔라우의 산호초와 난바다는 한때 남획으로 몸살을 앓았으나 전통적 지속 가능 어획에
바탕을 둔 단호한 정책을 통해 해양 생물 다양성이 극적으로 개선됐다.
ⓒ파스칼 코베/naturepl.com

■ 2019년 4월 영국의 선도적 야생 농장 넵 에스테이트에서 황새가 짝이 기다리는 둥지에
내려앉는 장면. 수백 년간 영국에서 황새가 둥지를 트는 장면이 촬영된 것은 이번이 처음이다.
ⓒ닉 업튼/naturepl.com

■ 르완다에서 산고릴라와 함께 있는 다이앤 포시. 그녀는 산고릴라가 처한 곤경에
　전 세계의 이목을 집중시켰으며 〈지구의 생명〉 촬영 팀이 산고릴라를 촬영토록 도왔다.
　　©다이앤 포시 국제 고릴라 기금

■ 미국 옐로스톤 국립공원 능선의 회색늑대. 1995년 공원에 늑대를 재도입하자 생태계 전체가
　큰 영향을 받았다. 이는 최상위 포식자가 자연계의 생물 다양성 증가에 중요하다는 사실을
　보여 준다. ©하라다 스미오/민덴/naturepl.com

■ 세계 최대의 집광형 태양광발전소인 모로코 와르자자트 태양광발전소는 소금에 저장한
  에너지를 써서 밤에 전기를 공급한다. ©신화/앨러미 라이브 뉴스

▣ 내가 어릴 적 화석 탐사를 위해 찾아가던 바로 그 레스터 채석장을 방문한 다큐멘터리
  감독이자 공저자인 조니 휴스. 책 출간과 함께 공개된 특집 다큐멘터리를 촬영하는 도중
  대본에 대해 논의하고 있다. ©일라이라 말랄리외

나는 오랫동안 영국 세계자연기금을 후원했다. 2016년 세계자연기금의 《지구 생명 보고서》 출간 발표회에서 연설했는데, 지구의 건강 상태에 대한 격년간 보고서인 이 문서는 지구의 생물 다양성 감소 현황에 대한 권위 있는 지침서가 됐다. ©브스톤하우스 포토그래픽/WWF_UK

■ 체르노빌 출입 금지 구역
바로 밖, 한 소박한 숙소에서
조니 휴스와 함께 다큐멘터리
영화의 마지막 대사를
다듬고 있다. ⓒ개빈 서스톤

▭ 프리피야티 강변의
버려진 카페에는 여전히
소련 시대 특유의 예술이 담긴
스테인드글라스 창문이
남아 있다. 조 페러데이가
사진을 찍는 동안 나는 그
광경을 마음껏 바라본다.
ⓒ앤드루 얌

■ 우리는 25만 마리의 뿔말 떼가 이동하는 시기에 맞춰 케냐의 마사이마라로 여행 일정을 잡았다.
   ©키스 숄리

■ 오랫동안 함께 작업한 촬영기사 개빈 서스톤이 케냐의 흙길을 빠르게 달리면서도
   흔들림 없이 부드럽게 추적 영상을 촬영할 수 있는 시네플렉스Cineflex 카메라를 설치하고 있다.
   ©코너 맥도널/WWF

세렝게티 생태계의
규모와 자연이 만드는 장관은 언제나
경이로움을 안겨 준다.
©키스 숄리

다큐멘터리 〈우리의 지구를 위하여〉의 제작진.

(왼쪽부터 오른쪽 순서로) 키스 숄리(총괄 프로듀서), 조니 휴스(프로듀서/감독),
개빈 서스톤(촬영감독), 나(데이비드 애튼버러), 일라이라 말랄리외(조연출),
콜린 버트필드(WWF 총괄 프로듀서), 빌 루돌프(음향 기사). ⓒ코너 맥도널/WWF

◼ 어린 시절 화석을 찾으러
   자주 가던 레스터의 채석장에서
   촬영 중이다. ⓒ일라이라 말랄리외

◖ 레스터도 햇살이 제법 강하다!
   다행히 매기 왓슨이 그늘을
   만들어 주고 있다. ⓒ개빈 서스톤

■ 우리는 다큐멘터리의 핵심 내용을 소규모 스튜디오에서 5일간 촬영했다. ©조니 휴스

□ 런던 애비로드 스튜디오에서 작곡가 스티븐 프라이스의 음악 녹음을 방문하는 영광을 누렸다. 스티븐은 이번 작업을 위해 소규모 오케스트라를 직접 선발했다. 모든 단원들은 뛰어난 연주자였다. ©조니 휴스

브리스틀에서 다큐멘터리의 내레이션 녹음을
진행하는 모습. ©코너 맥도널/WWF

푸른 행성을 위한 증언

푸른
행성을
위한
증언

찬란했던 생명의 기록과
지구를 복원할
마지막 기회

데이비드 애튼버러 · 조니 휴스
노승영 옮김

SIGONGSA

일러두기

1 띄어쓰기, 외래어 표기는 국립국어원 용례를 따르되 고유명사, 일부 합성명사에 한해 예외를 따랐습니다.

2 단행본은 겹화살괄호《 》, 정기간행물과 영상물, 논문, 보고서는 홑화살괄호〈 〉로 표기했습니다.

3 인명은 처음 언급될 때를 제외하고 성(Last name)으로 표기하되 성이 같을 경우, 원서에서 이름만 표기했을 경우에는 이름(First Name)으로 표기했습니다.

4 원서 본문의 이탤릭은 볼드체로 표기했습니다.

5 본문의 화자는 데이비드 애튼버러입니다.

머리말

가장 큰 실수

우크라이나 프리피야티는 내가 갔던 어디와도 다른 절대적 절망의 장소다. 겉보기에는 거리, 호텔, 광장, 병원, 놀이공원, 중앙 우체국, 기차역이 있는 활기찬 도시처럼 보인다. 다수의 학교와 수영장, 카페와 술집, 강변 식당, 상점, 슈퍼마켓과 미용실, 소극장과 영화관, 체육관, 육상 트랙을 갖춘 축구 경기장도 있다. 만족스럽고 안락한 삶을 누리기 위해 만든 온갖 편의 시설, 우리의 '인공 서식처'에 필요한 모든 요소를 갖췄다.

도시의 문화·상업 중심지를 둘러싼 것은 아파트다. 세심하게 계획한 도로망을 따라 160채의 건물이 일정한 각도로 늘어서 있다. 집집마다 발코니가 있고 건물마다 공용 세탁실이 있다. 가장 높은 건물은 20층 가까이 솟았는데 각 건물의 꼭대기는 도시를 창조한 사람을 상징하는 거대한 쇠망치와 낫으로 장식했다.

프리피야티는 토목 사업이 한창이던 1970년대 소련이 건설했다. 5만 명 가까운 인구를 위한 완벽한 보금자리로 설계했으며 동유럽권 최고의 공학자와 과학자, 그들의 젊은 가족에게 걸맞은 현대판 유토피아였다. 1980년대 초에 일반인이 찍은 영상에서 그들은 미소를 짓고, 넓은 인도를 메운 채 유모차를 밀고, 발레를 배우고, 올림픽 규격 수영장에서 헤엄치고, 강에서 배를 탄다.

하지만 오늘날 프리피야티에는 아무도 살지 않는다. 건물 벽은 부스러지고 창문은 깨졌다. 문틀은 무너져 내렸다. 캄캄하고 텅 빈 건물을 둘러볼 작정이라면 발밑을 잘 살펴야 한다. 미용실에는 의자가 쓰러졌으며 의자 주위로 먼지 낀 헤어롤러와 깨진 유리가 나뒹군다. 슈퍼마켓 천장에는 형광등이 축 늘어졌다. 시청의 웅장한 대리석 계단 아래로는 쪽매널(무늬를 넣은 나무판을 깔아 만든 판_옮긴이) 바닥이 뜯긴 채 널브러졌다. 교실 바닥에는 연습장이 나뒹군다. 연습장 페이지에는 키릴문자가 파란색 잉크로 또박또박 쓰였다. 수영장은 텅 비었다. 아파트에서는 소파 시트가 바닥에 떨어졌다. 침대는 삭아 간다. 움직이는 것을 찾아보기 힘들다. 모든 것이 정지 상태다. 돌풍에 뭐라도 들썩하면 몸이 움찔한다.

문에 들어설 때마다 사람이 없다는 사실이 점점 실감난다. 부재야말로 존재감을 가장 뚜렷이 드러내는 진실이다. 폼페이, 앙코르와트, 마추픽추를 비롯해 인적이 끊긴 도시를 많이 가 봤지만, 여기서는 정상적인 겉모습 때문에 폐허의 비정상적 상황이 더욱 두드러진다. 도시의 구조와 시설이 이토록 친숙한 것으로 보건대 도시가 버림받은 것은 단지 세월이 흘렀기 때문이 아님을 알수 있다. 더는 눈길을 끌지 못하는 게시판, 과학 교실의 버려진 계산자, 카페의 부서진 피아노에 이르기까지 이곳의 모든 것은 자신에게 필요한 모든 것, 자신이 소중히 여기는 모든 것을 상실하는 인간의 '능력'을 보여 주는 기념비다. 프리피야티가 절대적 절망의 장소인 것은 이 때문이다. 우리 인간은, 지구상에서 오직 인간만이, 세상을 창조하고 또한 파괴하기에 충분한 힘을 가졌다.

1986년 4월 26일 (오늘날 모든 사람이 '체르노빌'로 아는) 블라디미르 일리치 레닌 원자력발전소의 4번 원자로가 폭발했다. 폭발은 부실한 계획과 인간적 착오로 인한 결과였다. 체르노빌 원자로의 설계에는 결함이 있었다. 관리직은 이 사실을 몰랐으며 게다가 업무에도 소홀했다. 체르노빌이 착오 때문에 폭발했다는 것은 무엇보다 인간 중심적 설명이다.

히로시마와 나가사키 핵폭탄을 합친 것보다 400배 많은 방사성물질이 강풍을 타고 유럽 전역에 퍼졌다. 방사능은 하늘에서 빗물과 눈송이로 떨어진 뒤 많은 국가의 땅과 물길을 거쳐 결국 먹이사슬에까지 침투했다. 이 사건으로 인한 조기 사망 건수는 아직 논란의 여지가 있지만 수십만 명을 헤아린다.

많은 이들은 체르노빌을 역사상 최악의 환경 재앙으로 꼽는다. 애석하게도 이 말은 사실이 아니다. 다른 곳에서, 전 세계에서 또 다른 뭔가가, 거의 눈에 띄지 않은 채 20세기 내내 매일같이 벌어진다. 이 또한 부실한 계획과 인간적 착오의 결과다. 그것은 한 번의 불운한 사고가 아니라 관심과 이해의 심각한 결여로 인한 결과이며 우리가 하는 모든 일에 영향을 미친다. 이 일은 한 번의 폭발로 시작되지 않았다. 누군가 깨닫기 전에, 다면적이고 지구적이고 복잡한 원인의 결과로서 조용히 시작됐다.

이 재앙의 낙진은 계측기 하나로 검출할 수 없다. 재앙이 일어나고 있음을 확인하는 데만도 전 세계에서 수백 건의 연구가 진행돼야 했다. 이 재앙의 영향은 운 나쁜 몇몇 국가의 땅과 물길 오염보다 훨씬 심각하다. 궁극적으로는 우리가 의지하는 모든 것이 위태로워지고 무너지는 결과를 빚는다.

우리 시대의 진짜 비극은 지구 **생물 다양성**의 급격한 감소다. 지구에서 생명이 진정으로 번성하려면 어마어마한 생물 다양성이 필요하다. 수십억 개체가 자신의 앞에 놓인 자원과 기회를 하나하나 최대한 활용하고 수백만 종이 서로를 떠받치며 맞물린 채 살아갈 때만 지구는 효율적으로 돌아갈 수 있다. 생물 다양성이 클수록 우리를 비롯한 지구상의 뭇 생명은 더 안정적으로 살아갈 것이다. 하지만 인간이 지구상에서 살아가는 방식은 오히려 생물 다양성을 줄인다.

우리 모두는 비난받아 마땅하지만, 여기에는 억울한 구석도 있다. 인류 문명이 본질적으로 언제까지나 지속 가능하지 않음을 안 것은 몇십 년 전에 불과하니 말이다. 하지만 이제 알았으니 선택은 우리 몫이다. 우리는 행복하게 살아가고 가족을 건사하고 우리가 만든 현대사회에서 각자 정직한 역할을 분주하게 실행하느라 문간에서 기다리는 재앙을 외면하는 길을 고를 수도 있고, 변화를 고를 수도 있다.

이 선택은 결코 간단명료하지 않다. 어쨌거나 자신이 아는 것에 필사적으로 매달리고 자신이 모르는 것을 깎아내리거나 두려워하는 성향은 지극히 인간적이다. 프리피야티 주민이 아침마다 거실 커튼을 걷을 때 처음 눈에 들어온 것은 언젠가 자신의 삶을 파괴할 거대한 원자력발전소였다. 대부분의 주민이 그곳에서 일했다. 나머지는 근무직을 상대로 생계를 이어 갔다. 많은 이들은 원자력발전소 지척에서 사는 것이 얼마나 위험한가를 알았지만, 원자로를 꺼야겠다고 마음먹은 사람은 아무도 없었다. 체르노빌은 안락한 삶이라는 귀중한 선물을 그들에게 선사했다.

이제 우리 모두가 프리피야티 주민이다. 우리가 살아가는 안락한 삶 위에는 스스로 만든 재앙의 그림자가 드리워 있다. 재앙이 벌어지는 이유는 우리가 안락한 삶을 살아가는 이유와 같다. 이렇게 살지 말아야 할 설득력 있는 이유와 대안으로 삼을 훌륭한 계획이 없다면 이렇게 계속 살아가는 것은 지극히 자연스러운 선택이다. 내가 이 책을 쓴 것은 이 때문이다.

자연 세계가 무너진다. 증거는 도처에 널렸다. 이 일은 내 생전에 일어났다. 내 두 눈으로 보았다. 이 일은 우리를 파괴하고 말 것이다. 하지만 원자로를 끌 시간은 아직 남았다. 좋은 대안이 있다.

이 책은 어떻게 해서 우리가 이 일을, 우리의 가장 큰 실수를 저질렀는지, 우리가 지금 행동하면 어떻게 문제를 바로잡을 수 있는지의 이야기다.

차례

1부

증언:

지구의 과거 그리고 현재

이 책을 쓰는 지금 내 나이는 94세다(한국어판 출간 시점에는 99세_옮긴이). 나는 누구보다 남다른 삶을 살았다. 이제야 내 삶이 얼마나 남달랐는지 깨달았다. 운 좋게도 나는 야생의 자연을 탐사하고 그곳에서 살아가는 생물의 영상을 제작하면서 평생을 살았다. 그러면서 지구 이곳저곳을 여행했다. 생명의 세계를 몸소 체험하며 그 모든 다양성과 경이로움을 느꼈다. 가장 거대한 장관과 가장 긴박한 드라마를 목격했다.

어릴 적에는 여느 아이와 마찬가지로 머나먼 야생 지대를 여행하면서 태곳적 자연을 관찰하고 학계에 알려지지 않은 동물을 발견하는 것이 꿈이었다. 돌이켜 보면 바로 그 일을 하면서 평생을 살았다는 것이 믿기지 않는다.

레스터에 있는 외로운 나무 한 그루

1937년

세계 인구 23억 명[1]
대기 중 탄소 농도 280피피엠[2]
남은 야생지 66퍼센트[3]

나는 열한 살 때 잉글랜드 한가운데 있는 레스터에서 살았다. 당시 내 또래 남자아이는 자전거를 타고 교외에 가서 하루 종일 노는 것이 일이었다. 나도 그랬다. 모든 아이는 탐험가다. 돌멩이를 뒤집어 밑에 있는 동물을 들여다보는 것도 일종의 탐험이다. 자연에서 벌어지는 일을 관찰하면서 매혹되지 않은 적은 한 번도 없었다.

형은 세상을 바라보는 관점이 달랐다. 레스터에는 전문가 뺨치는 아마추어 극단이 있었는데, 형은 늘 내게 함께 연극하자고 단역이라도 맡아 달라고 성화였지만 나는 관심이 없었다.

날씨가 풀리기만 하면 자전거를 타고 동쪽으로 갔다. 바위에는 아름답고 흥미로운 화석이 가득 박혔다. 공룡 뼈까지는 아니었지만. 벌꿀색 석회석은 고대의 해저에 가라앉은 진흙이 굳은 것이기에 공룡 같은 육상 괴수의 유해가 들었을 리 없었다.

내가 발견한 것은 해양 생물인 암모나이트의 껍데기였다. 어떤 것은 너비가 15센티미터쯤 되고 숫양의 뿔처럼 돌돌 말렸으며 어떤 것은 크기가 개암 정도 되고 속에는 껍데기 주인의 호흡기 관인 아가미를 지탱한 방해석 뼈대가 들었다. 될성부른 바윗돌을 골라 망치로 정확히 내리쳤을 때 근사한 껍데기가 떨어져 나와 햇빛에 반짝이는 모습을 보는 것은 무엇보다 황홀한 경험이었다. 그것을 처음 본 사람의 눈이 바로 내 눈이라고 생각하니 더없는 희열이 나를 휘감았다.

아주 어릴 적부터 가장 중요한 지식은 자연이 어떻게 작동하는지 아는 지식이라고 믿었다. 내 관심사는 인간이 발명한 법칙이 아니라 동식물의 삶을 다스리는 원리였다. 왕과 왕비의 역사나, 온갖 인간 사회에서 발전한 언어가 아니라, 인간이 등장하기 오래전부터 세상을 지배한 진실이었다.

왜 이렇게 수많은 종류의 암모나이트가 있었을까? 왜 이것은 저것과 다르게 생겼을까? 사는 방식이 달랐을까? 사는 곳이 달랐을까? 얼마 지나지 않아 깨달았다. 많은 사람이 같은 질문을 던졌고 많은 답을 찾아냈음을. 그 답을 그러모으면 모든 이야기를 통틀어 가장 경이로운 이야기인 생명의 역사가 된다.

지구상에서 생명이 발전한 이야기는 대부분 느리고 꾸준한 변화에 대한 것이다. 암석에서 발견되는 유해의 주인은 모두 환경에 의한 시련을 평생 겪어야 했다. 생존과 번식에 유리한 개체는 자신의 특징을 후세에 물려줬으며 그렇지 않은 개체는 대가 끊겼다.

푸른 행성을 위한 증언

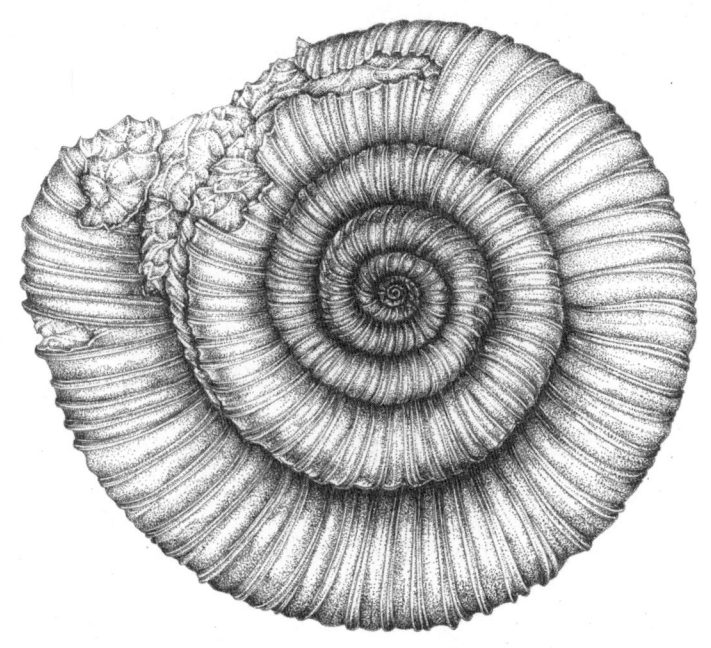

닥틸리오케라스속 *Actylioceras* 암모나이트

ⓒ리지 하퍼

수십억 년에 걸쳐 생명체의 형태는 서서히 변했다. 점점 복잡해지고 효율화되고 분화했다. 그들의 오랜 역사는 암석에서 발견되는 단서를 통해 조금씩 추론할 수 있다. 레스터 석회암에 기록된 것은 그중 한 찰나에 불과하다. 하지만 시내 박물관에 전시된 표본에서는 더 많은 시대를 발견할 수 있었다. 진로를 정할 때가 됐을 때 나는 더 많은 것을 발견하기 위해 대학에 가야겠다고 마음먹었다.

대학에서는 또 다른 진실을 배웠다. 점진적 변화의 기나긴 이야기는 때때로 급작스럽게 멈췄다. 수억 년에 한 번씩, 그 모든 고된 선택과 개량의 끝에 **대멸종**이라는 재난이 일어났다. 수많은 종이 제 나름의 방식으로 환경에 적응했으나, 저마다 다른 시기에 저마다 다른 이유로 지구환경에는 거대하고 급격하고 지구적인 변화가 일어났다. 지구의 생명 유지 장치가 덜덜거렸으며, 뭇 생명을 기적적으로 떠받치던 연약한 상호 관계의 덩어리가 바스러졌다. 수많은 종이 순식간에 사라지고 극소수만 남았다. 그 모든 진화가 헛수고로 돌아갔다. 이 거대한 멸종으로 암석에 경계선이 생겼다. 어디를 찾아야 할지, 무엇을 눈여겨봐야 할지 안다면 당신도 그 경계선을 알아볼 수 있다. 경계선 아래에는 온갖 생명체가 있지만 위에서는 도무지 찾아볼 수 없다.

이런 대멸종은 지구의 40억 년 역사에서 다섯 차례 일어났다.[4] 그때마다 자연이 무너졌으며 간신히 살아남은 생물은 진화

푸른 행성을 위한 증언

과정을 처음부터 새로 시작해야 했다. 마지막 대멸종 때는 지름이 10킬로미터를 넘는 운석이 지표면을 강타해 이제껏 시험된 가장 큰 수소폭탄보다 200만 배 큰 충격을 가했다.[5]

운석은 황산칼슘층에 떨어졌는데, 그래서 어떤 이는 황이 하늘 높이 솟구쳐 올랐다가 산성비로 온 세상에 내려 식물을 죽이고 해수면의 플랑크톤을 녹였다고 생각한다. 이때 생긴 먼지구름이 햇빛을 가린 탓에 식물의 생장 속도가 여러 해 동안 느려졌을지도 모른다. 폭발로 불붙은 잔해가 다시 땅에 떨어져 서반구 전역에서 불기둥이 치솟았을지도 모른다.

세상이 불타면서, 이미 오염된 공기에 이산화탄소와 연기가 더해져 온실효과로 지구 온도가 높아졌다. 운석이 해안에 떨어지면서 거대한 쓰나미가 지구를 휩쓸어 연안 생태계가 절멸했으며 바닷모래가 내륙 깊숙한 곳까지 실려 갔다.

이는 자연사의 방향을 바꾼 사건이었다. 애완견보다 큰 모든 육상 생물을 비롯해 모든 종의 4분의 3이 사라졌다. 1억 7,500만 년 이어진 공룡의 지배가 끝났다. 생명은 새로 빚어져야 했다. 그 뒤로 6,600만 년간 자연은 새로이 종 다양성을 창조하고 재정의 하면서 생명의 세계를 재건했다. 이 생명 재부팅의 산물 중 하나가 인간이었다.

＊＊＊

우리의 진화 과정 또한 암석에 새겨졌다. 우리와 가까운 친척의 화석은 암모나이트 화석보다 훨씬 희귀한데, 그 이유는 고작 200만 년 전에 처음 진화했기 때문이다. 어려움은 또 있다. 육상동물의 유해는 대부분 해양 생물과 달리 퇴적층에 묻혀 보존되지 않는다. 뜨거운 태양, 쏟아지는 비, 매서운 서리를 맞으며 바스라진다. 하지만 화석이 아예 없는 것은 아니다.

우리가 발견한 극소수의 유해에 따르면 인류는 아프리카에서 처음 진화했다. 진화 과정에서 뇌가 급속도로 커지기 시작했는데, 그 덕에 우리는 가장 고유한 특징 중 하나, 즉 독보적 **문화**를 발전시키는 능력을 얻은 것으로 추정된다.

진화생물학자가 말하는 '문화'는 학습이나 모방을 통해 한 개체에서 다른 개체로 전달될 수 있는 정보를 일컫는다. 타인의 생각이나 행동을 흉내 내는 것은 우리에게 식은 죽 먹기처럼 보이지만, 그것은 우리의 능력이 뛰어나기 때문이다. 다른 종 중에서 문화를 가졌다고 볼 수 있는 것은 극소수에 불과하다. 이를테면 침팬지와 큰돌고래가 있지만 다른 어떤 종도 우리의 문화적 능력에 필적하는 능력을 가지지는 못 했다.

문화는 우리가 진화하는 방식을 탈바꿈시켰다. 문화는 우리가 지구상에서의 삶에 적응하는 새로운 방식이었다. 다른 종은 세대 간의 신체적 변화를 통해 적응한 반면에 우리는 생각을 통해 한 세대 안에도 유의미한 변화를 이룰 수 있었다. 가뭄에도 수분을 공급하는 식물을 찾아내고 사냥감의 가죽을 벗기는 돌연장을 제작하고 불을 피우거나 식량을 익히는 등의 기술은 한 생애 안에 이 사람에게서 저 사람에게로 전수될 수 있었다. 이는 개인이 부모에게 물려받는 유전자에 의존하지 않는 새로운 형태의 유전이었다. 그 덕에 변화의 속도가 빨라졌다.

우리 선조의 뇌가 비상한 속도로 팽창한 덕에 우리는 생각을 배우고 저장하고 전파할 수 있었다. 하지만 인체의 물리적 변화는 멈췄다 해도 과언이 아닐 정도로 느려지고 말았다. 약 20만 년 전에 해부학적 현생인류인 호모사피엔스(당신과 나처럼 생긴 사람)가 탄생했다. 그 뒤로 우리는 신체적으로 거의 달라지지 않았다. 극적으로 달라진 것은 우리의 문화다.

인간이 종으로서 존재하기 시작했을 때 우리 문화의 중심은 수렵과 채집의 생존법이었다. 우리는 두 가지 다 특출나게 잘했다. 어류를 잡는 갈고리와 사슴을 도살하는 칼 같은 물질적 문화 산물을 제작했으며 불을 다스려 식량을 요리하는 법과 돌로 곡물을 빻는 법을 익혔다. 하지만 정교한 문화가 있어도 삶은 녹록지 않았다. 환경은 혹독했으며 더 중요하게는 예측할 수 없었다. 그때는 지구가 전반적으로 지금보다 훨씬 추웠다. 해수면은 훨씬 낮았다. 담수는 찾기 힘들었으며 지구 온도는 들쭉날쭉했다.

우리의 몸과 뇌는 지금과 매우 비슷했을지 모르지만, 환경이 무척 불안정했기에 생존이 쉽지 않았다. 현대인의 유전자를 연구한 데이터에 따르면 7만 년 전 벌어진 기후 재난은 우리를 멸종의 문턱까지 몰아갔다. 인류 전체가 2만 명(생식 가능 성인 기준)까지 줄어든 적도 있다고 한다.[6] 더욱 발전하려면 어느 정도 안정성이 필요했다. 1만 1,700년 전 마지막 빙하가 후퇴하면서 그런 안정성이 찾아왔다.

✳✳✳

홀로세(지구 역사에서 인간의 시대로 여겨지는 기간)는 지구의 오랜 역사 중에서 가장 안정된 시기 중 하나로 꼽힌다. 1만 년간 지구 평균기온의 변화는 1도 이내에 머물렀다.[7] 무엇이 이 안정성을 가져왔는지 정확히 알 수는 없지만 생명 세계의 풍성함과 관계가 있으리라 추정된다.

해수면 근처를 떠다니는 미세한 식물플랑크톤과 북반구를 에워싼 드넓은 숲이 탄소를 대규모로 가둔 덕에 대기 중 **온실가스** 농도가 균형을 이룰 수 있었다. 수많은 초본 초식동물(이 책에서는 풀을 뜯는 초식동물을 '초본 초식동물'로 번역한다_옮긴이)은 토양을 기름지게 하고 (풀을 뜯어먹어) 풀의 생장을 촉진해 초원을 무성하고 생산적인 공간으로 유지했다.

해안의 맹그로브 습지와 산호초는 치어의 보금자리가 됐으며 성체가 된 어류는 넓은 바다를 누비며 바다 생태계를 풍성하게 했다. 적도 주위의 빽빽하고 다채로운 우림대는 태양에너지를 활용하면서 지구 대기에 수분과 산소를 공급했다. 지구 남북단에 드넓게 펼쳐진 새하얀 눈과 얼음은 햇빛을 반사해 우주로 돌려보냄으로써 거대한 에어컨처럼 지구를 통째로 냉각했다.

이렇듯 홀로세의 생물 다양성이 꽃핀 덕에 지구의 기온이 일정하게 유지됐으며 생명 세계에서는 완만하고 미더운 리듬인 계절이 확립됐다. 열대 평원에서는 건기와 우기가 시계처럼 규칙적으로 반복됐다. 아시아와 오세아니아에서는 해마다 같은 시기에 바람 방향이 달라지며 계절풍이 불었다. 북부 지방에서는 3월에 기온이 15도 이상으로 높아져 봄이 찾아온 뒤 10월까지 높이 유지되다가 기온이 떨어지면 가을이 찾아왔다.

홀로세는 우리의 에덴동산이었다. 신뢰할 수 있는 계절의 리듬은 우리에게 그토록 절실한 기회를 선사했으며 인간은 이를 요긴하게 활용했다. 환경이 안정되자마자 중동에 살던 인구 집단이 수렵·채집을 그만두고 완전히 새로운 생존법을 택했다. 농경이었다. 이 변화는 의도적인 것이 아니었다. 계획에 의한 것도 아니었다. 농경에 이르는 길은 길고 무계획적이고 우발적이었으며 예측력보다는 운에 좌우됐다.

중동은 이런 행운의 사건에 필요한 조건을 모두 갖췄다. 이 지역은 아프리카, 아시아, 유럽의 세 대륙이 만나는 곳이기에 수백만 년에 걸쳐 세 대륙의 동식물이 들어와 자리 잡았다. 경사면과 범람원을 장악한 식물은 오늘날의 밀, 보리, 병아리콩, 완두콩, 렌즈콩의 야생종 선조였는데, 모두 오랜 건기에 살아남도록 영양이 풍부한 씨앗을 맺었다. 이 부위는 해마다 사람을 유인했을 테다.

당장 필요한 것보다 많은 씨앗을 채집할 수 있자 그들은 일부 포유류나 새무리와 마찬가지로 식량이 부족한 겨울에 먹으려고 씨앗을 저장했음이 틀림없다. 어느 시점엔가 수렵·채집인은 유랑을 멈추고 정착했다. 식량을 쉽게 구할 수 없어도 저장된 씨앗을 먹으면 된다는 확신 덕분이었다.

야생 소, 염소, 양, 돼지는 이 지역에 원래부터 살았다. 처음에는 야생에서 사냥됐지만, 작물과 마찬가지로 홀로세가 시작되고 몇천 년이 지나지 않아 **가축화**됐다. 이번에도 야생에서 가축에 이르는 길에는 많은 징검다리가 있었으며, 의도하지 않은 단계도 틀림없이 존재했다.

처음에 수렵인은 수컷만 골라 죽이고 새끼를 낳는 암컷은 개체 수를 늘리기 위해 살려 뒀다. 고대 촌락 터 주변의 짐승 뼈를 연구하는 과학자가 증거를 발견했다. 인간은 짐승의 포식자를 쫓아내거나 (야생 개체 수를 유지하기 위해) 오랫동안 육류를 먹지 않고 지냈을지도 모른다. 결국 그들은 짐승을 잡는 것에 그치지 않고 오랫동안 살려 두면서 번식시켰으며, 그중에서도 공격성이 적고

참을성이 많은 개체를 골랐다.

시간이 지나면서, 곡물 저장고를 짓고 가축을 기르고 관개수로를 파고 땅을 갈고 씨앗을 뿌리고 거름을 주는 등의 혁신이 이모든 발전을 가속화했다. 농경이 시작된 것이다. 우리처럼 지능과 창의력을 갖춘 종이 홀로세만큼 안정적인 기후를 만났을 때 농경의 출현은 거의 필연적이었다. 분명한 사실은 전 세계 열한 곳 이상에서 독자적으로 농경이 시작됐다는 것이다. 감자, 옥수수, 벼, 사탕수수 같은 친숙한 작물을 비롯한 다양한 식물, 당나귀, 닭, 라마, 꿀벌 같은 동물 가운데에서 점차 재배·사육종이 발달했다.

***

농경은 인간과 자연의 관계를 탈바꿈시켰다. 우리는 야생의 일부를 사소하게나마 길들였으며 환경을 다소나마 통제했다. 식물을 바람으로부터 보호하려 담장을 세웠다. 동물이 그늘에 머물도록 나무를 심었다. 동물의 대소변을 써서 목초지를 기름지게 했다. 물길을 파서 강과 호수의 물을 끌어들임으로써 가뭄에도 작물이 무럭무럭 자라도록 했다. 유익한 작물의 경쟁 식물을 제거했으며 경사면을 우리가 특별히 선호하는 작물로 뒤덮었다.

우리가 이런 식으로 골라낸 동식물은 스스로도 변화하기 시작했다. 초본 초식동물은 인간의 보호 덕에 포식자의 공격에 맞서 스스로를 지키거나 암컷에 접근하려고 싸울 필요가 없어졌다. 우리가 경작지의 잡초를 제거한 덕에 작물은 다른 종과 부대끼지 않으면서 생장에 필요한 질소, 물, 햇빛을 독차지하여 작물은 더 큰 알곡, 열매, 덩이줄기를 맺었다.

한편 경계심과 공격성을 갖춰야 할 필요성이 사라지자 짐승은 더 온순해졌다. 귀가 처지고 꼬리가 돌돌 말렸으며 어릴 적 울음소리를 성체가 돼서까지 냈다. 양부모인 우리가 먹여 주고 보호하자 여러 면에서 영원히 어린 채로 살아갔다. 우리 또한 자연에 의해 빚어지는 종에서 자신의 필요에 맞게 다른 종을 빚는 능력을 갖춘 종으로 변화했다.

농경민의 일은 힘겨웠으며 잦은 가뭄과 기근에 시달렸다. 하지만 결국에는 당장 먹고사는 데 필요한 것보다 많은 식량을 생산할 수 있었고 주변의 수렵·채집 부족에 비해 가족 규모를 키울 수 있었다. 이렇게 많아진 아들딸은 작물과 가축을 돌보는 데뿐 아니라 경작지와 목초지를 빼앗기지 않도록 지키는 데도 요긴했다. 농경으로 땅의 가치가 커졌으며 농경민은 소유물을 건사하기 위해 더 영구적인 주거지를 짓기 시작했다.

여러 가족이 가진 땅은 저마다 토질, 물 공급, 생산량이 다를 수밖에 없었다. 그래서 어떤 사람의 작물과 가축은 다른 사람의 것보다 많은 결실을 냈다. 농경민은 가족을 먹여 살리고 남은 잉여를 거래할 수 있었다. 농경 집단은 장터에 모여 생산물을 교환

했다. 그들은 식량을 다른 물품이나 기술과 맞바꿨다. 농경민에게는 돌, 노끈, 기름, 어류가 필요했다. 그들은 목수, 석수, 연장 제작자의 생산물을 원했으며 이 전문가들은 처음으로 직접 재배하지 않고도 식량을 손에 넣을 수 있었다.

교역이 늘면서 여러 기름진 유역에서는 장터가 마을로, 다시 도시로 발달했다. 새 유역에 사람이 정착하면 일부 농경민은 새 땅을 찾아 다음 유역으로 이동했다. 농경 집단과 교역하던 인근의 수렵·채집 부족이 덩달아 농경을 시작했으며 농경 방식은 강을 따라 모든 물길로 급속히 퍼져 나갔다.

이는 문명의 시작이었다. 세대가 바뀔 때마다, 기술혁신이 일어날 때마다 속도가 붙었다. 수력, 증기력, 전력이 발명되고 개량됐으며 결국 오늘날 우리에게 친숙한 모든 문명의 이기가 등장했다. 하지만 복잡해져만 가는 사회에서 각 세대가 발전하고 진보할 수 있었던 것은 자연이 안정적이고 우리에게 필요한 재화와 조건을 꾸준히 공급할 수 있었기 때문이다. 홀로세의 유리한 환경과 이를 뒷받침하는 경이로운 생물 다양성의 중요성은 어느 때보다 커졌다.

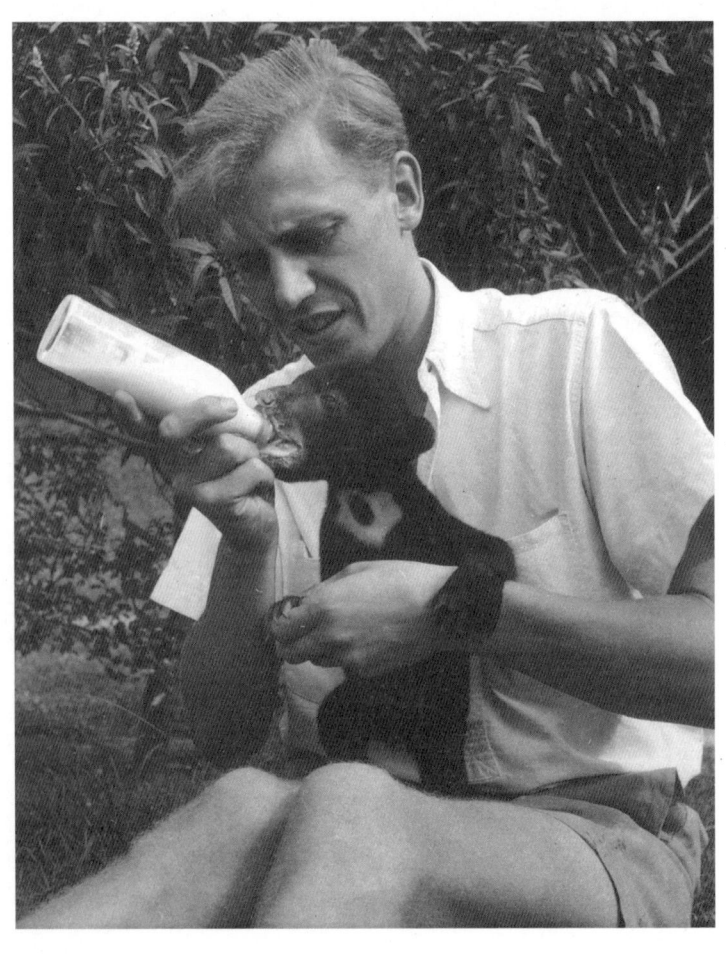

말레이곰 벤저민과 함께 〈동물원 탐사〉를 촬영 중인 데이비드 애튼버러

©데이비드 애튼버러

1954년

세계 인구 27억 명
대기 중 탄소 농도 310피피엠
남은 야생지 64퍼센트

대학에서 자연과학을 공부하고 해군에서 복무한 뒤에 갓 탄생한 BBC에 입사했다. BBC는 1936년 런던 북부의 알렉산드라 궁에 있는 작은 스튜디오 두 곳에서 세계 최초로 출범했다. 2차 세계대전이 발발했을 때는 방송을 멈췄지만 1946년 같은 스튜디오에서 같은 카메라로 방송을 재개했다. 모든 프로그램은 흑백 생방송이었으며 런던과 버밍엄에서만 시청할 수 있었다. 내 임무는 온갖 종류의 논픽션 프로그램을 제작하는 것이었는데, 저녁마다 상영하는 프로그램의 수가 많아지면서 자연사에 주력하기 시작했다.

처음에는 런던 동물원에서 스튜디오로 동물을 데려와 시청자에게 보여 줬다. 탁자에 매트를 깔고 동물을 올려놨으며 대개는 조련사가 통제했다. 하지만 이렇게 했더니 서커스처럼 보였다. 다양한 형태와 색상이 의미를 가지는 야생의 원래 서식처에서 동물이 살아가는 모습을 시청자에게 보여 주고 싶어 방법을 물색했다.

우선 런던 동물원의 파충류 학예사 잭 레스터와 계획을 짰다. 그는 (자신이 잘 아는) 서아프리카 시에라리온에 촬영기사를 데리고 가서 자신의 행동을 촬영하면 어떻겠냐고 동물원 원장에게 제안했다. 야생에서 활약하는 영상이 끝나면 스튜디오에 생방송으로 등장해 자신이 잡은 실제 동물을 보여 주면서 그 동물의 생태에 대해 설명한다는 발상이었다. 동물원은 대단한 홍보 효과를 누릴 것이고 BBC는 새로운 형식의 동물 프로그램을 제작할 수 있을 터였다. 프로그램 제목은 〈동물원 탐사Zoo Quest〉로 지었다.

그리하여 1954년 나는 잭과 함께 아프리카로 떠났다. 동행한 촬영기사는 찰스 레이거스라는 청년으로, 히말라야산맥에서 촬영한 적이 있었으며 우리에게 필요한 경량의 16밀리 필름 카메라를 가지고 갔다.

첫 번째 프로그램은 1954년 12월에 방송됐다. 그런데 애석하게도 방송 이튿날 잭이 중병에 걸려 병원에 실려 갔다(결국 목숨을 잃었다). 그는 다음 주에 두 번째 프로그램을 위해 스튜디오에 나올 수 없었다. 그 일을 대신할 수 있는 사람은 한 명뿐이었다. 바로 나였다. 그래서 방송사 지시에 따라 나는 생방송 카메라를 지휘하던 제어실에서 나와 스튜디오에 선 채 탐사에서 데려온 비단구렁이, 원숭이, 희귀한 새, 카멜레온과 씨름해야 했다. 카메라 앞에서의 삶은 이렇게 시작됐다.

시리즈는 무척 인기를 끌었으며 나는 가이아나, 보르네오, 뉴

가이아나에서 〈동물원 탐사〉를 촬영 중인 찰스 레이거스

기니, 마다가스카르, 파라과이 등 전 세계를 여행하며 〈동물원 탐사〉를 제작했다. 파도가 부서지는 앞바다, 거대한 숲, 드넓은 초원에 이르기까지 가는 곳마다 야생이 펼쳐졌다. 나는 해마다 그런 장소를 탐사하며 영국의 시청자를 위해 자연의 경이로움을 카메라에 담았다. 우리를 도우며 이 밀림과 사막을 안내한 사람은 내가 동물을 도통 알아보지 못하는 것을 이해하지 못했다. 그들 눈에는 너무도 분명히 보였기 때문이다. 야생에서 살아가고 일하는 데 필요한 기술을 습득하기까지는 시간이 꽤 걸렸다.

프로그램은 선풍적인 인기를 끌었다. 사람들은 텔레비전에서 천산갑을 본 적이 한 번도 없었다. 나무늘보는 그 누구도 본 적이 없었다. 우리는 사람들에게 인도네시아 중부의 작은 섬 코모도에 서식하며 '용'으로 불리는 가장 큰 도마뱀을 보여 줬으며 뉴기니 숲에서 춤추는 극락조를 처음으로 촬영했다.

1950년대는 낙관주의가 팽배한 시대였다. 유럽을 쑥대밭으로 만든 2차 세계대전은 기억 속에서 희미해지기 시작했다. 전 세계가 앞으로 나아가고 싶어 했다. 기술혁신이 속출해 우리의 삶을 안락하게 하고 우리에게 새로운 경험을 선사했다. 그 무엇도 진보의 걸림돌이 될 수 없어 보였다. 미래는 흥미진진하고 우리가 꿈꾼 모든 것을 이뤄 줄 것만 같았다. 자연 탐사라는 임무를 띠고 전 세계를 여행하던 나로서는 반박할 이유가 없었다.

그때는 문제가 있음을 누구도 알아차리기 전이었다.

말레이천산갑(마니스 자바니카*Anis Javanica*)

©리지 하퍼

세렝게티의 얼룩말

©베른하르트 그지메크 교수/오카피아

1960년

세계 인구 30억 명
대기 중 탄소 농도 315피피엠
남은 야생지 62퍼센트

누구나 머릿속에 뚜렷이 그릴 수 있는 야생을 하나만 들라면 그곳은 코끼리, 코뿔소, 기린, 사자가 뛰노는 아프리카 대평원일 것이다. 내가 그곳을 처음 찾아간 것은 1960년이다. 맞닥뜨린 야생의 생명도 경이로웠지만 나의 눈길을 사로잡은 것은 탁 트인 풍경의 어마어마한 넓이였다. 마사이족 언어로 '세렝게티'는 '끝없는 들판'이라는 뜻이다. 딱 맞는 표현이다.

세렝게티의 한 지점에 서면 하루는 짐승이 한 마리도 안 보이다가 이튿날 아침에 뿔말gnu 100만 마리, 얼룩말 25만 마리, 가젤 50만 마리를 볼 수도 있다. 그러다 며칠 지나면 전부 지평선 너머로 사라져 보이지 않는다. 그러니 이 평원에 끝이 없다고 생각할 만도 하다. 저 어마어마한 짐승 무리를 집어삼킨 걸 보면 말이다.

그때는 인간이라는 종 하나가 이 평원처럼 드넓은 곳을 위협할 힘을 가지리라고는 상상할 수 없었다. 하지만 선견지명을 지닌

과학자 베른하르트 그지메크가 두려워한 것은 바로 그 미래였다. 그는 프랑크푸르트 동물원 원장으로, 전쟁이 끝난 뒤 부서진 우리와 폭탄 구덩이의 폐허에서 동물원을 재건했다. 1950년대에는 아프리카 야생동물 영상을 제작해 독일 텔레비전에서 친숙한 얼굴이 됐다. 가장 유명한 작품인 〈세렝게티는 죽지 않는다 Serengeti Darf nicht Sterben〉는 1959년 아카데미 다큐멘터리상을 받았다. 이 영화는 그가 뿔말 떼의 이동을 추적하는 과정을 담았다.

그지메크는 정식 조종사인 아들 미카엘과 함께 소형 비행기를 타고 지평선 너머로 뿔말 떼를 따라다녔다. 두 사람은 뿔말 떼가 강을 건너고 임지 woodland(이 책에서 '숲'은 나무 꼭대기가 빽빽한 숲, '임지'는 나무 꼭대기가 듬성듬성한 숲을 가리킨다_옮긴이)와 국경선을 넘는 여정을 기록했으며 세렝게티 전체의 생태계가 어떻게 돌아가는지 이해하기 시작했다. 놀랍게도 초식동물이 풀을 원하는 것 못지않게 풀도 초식동물을 필요로 한다는 사실이 밝혀졌다.

초식동물이 없었으면 풀은 초원의 지배자가 되지 못했다. 풀은 수백만 개의 게걸스러운 주둥이에 뜯어 먹히고도 무사하도록 진화했다. 뿔말 떼의 이빨이 풀을 지표면 가까운 부위에서 물어 끊으면 풀은 땅 바로 아래 밑동의 생장점에서 다시 자랐다. 뿔말 떼의 발굽이 흙을 파헤치고 풀이 씨앗을 떨어뜨리면 다음 세대의 풀이 자랐다. 뿔말 떼가 떠난 자리에는 대변 더미가 남았는데, 풀은 이것을 양분 삼아 다시 자랄 수 있었다. 뿔말 떼의 발자국은

세렝게티에서 그지메크와 그의 아들 마이클

파괴의 행로처럼 보였지만 실은 풀의 한살이에서 필수적인 단계였다. 초본 초식동물이 너무 적었다면 풀은 키 큰 식물의 그늘에 가려 시들고 뿔말 떼가 떠난 초원은 키 큰 식물 차지가 됐을 것이다.

이런 상호 의존의 이야기를 발견한 것은 **생태학**이라는 신생 학문이었다. 19세기 동물학은 전 세계 종을 명명하고 분류하는 일에 매달렸지만 이제는 다른 임무를 맡았다. 동물학은 점점 분화됐다. 어떤 동물학자는 성능이 점점 좋아지는 현미경과 엑스선으로 맨눈에 보이지 않는 동물세포의 활동을 연구했으며 1953년에는 유전의 핵심인 DNA 구조를 발견했다. 또 어떤 동물학자는 생태학자로 불렸는데, 통계 기법과 측량 장비를 발전시켜 야생에서 살아가는 동물 집단을 연구했다.

1950년대가 되자 생태학자는 혼돈의 이면을 이해하기 시작했으며 모든 것이 나머지 모든 것에 의존하는 무한한 다양성의 그물망에서 뭇 생명이 서로 연결됨을 알았다. 동식물은 서로 밀접하고 때로는 친밀한 관계를 맺었으나, 이 생태계는 단단히 맞물렸을지언정 반드시 튼튼한 것은 아니었다. 급소에 작은 충격이라도 가해지면 집단 전체가 균형을 잃을 수도 있었다.

그지메크는 세렝게티처럼 커다란 생태계도 예외가 아님을 알았다. 측량 비행을 통해 그는 생태계의 붕괴를 막은 것이 평원의 크기 자체임을 금세 깨달았다. 어마어마한 공간이 없었다면 뿔말 떼는 기나긴 거리를 이동할 수 없었을 것이며 여러 지역의 야생초는 뿔말의 공격 사이사이에 한숨 돌릴 여유를 찾지 못했을 것이다. 초본 초식동물은 풀을 뿌리까지 먹어 치우고 결국 자신도 굶어 죽는다. 먹잇감이 굶주려 허약해지면 포식자는 잠시나마 혜택을 보겠지만 시간이 지나면 그들도 죽는다. 그 어마어마한 넓이가 아니었다면 세렝게티 생태계는 균형을 잃고 무너졌을 것이다.

탄자니아와 케냐가 독립을 선언하고 평원을 농지로 바꾸라는 압박을 받자 그지메크는 초원을 보호하고 자연을 위한 공간을 지키려는 사람에게 영화 제작과 여러 활동으로 힘을 보탰다. 아프리카 국가는 자발적으로 전향적 조치를 취했다. 탄자니아는 세렝게티의 국경선 내 지역에 정착을 금지했다(이 명령은 많은 논란을 낳았다). 케냐는 세렝게티 내 이주 경로를 고스란히 보전하기 위해 마라강 유역에 보전구역을 신설했다.

그지메크는 중요한 사실을 밝혀냈다. 자연은 결코 무한하지 않다. 야생은 유한하며 보호해야 한다. 몇 년이 지나자 모두가 이 사실을 똑똑히 깨달았다.

BBC 여행·대담 부서장일 때 필름 통에 기댄 데이비드 애튼버러

©BBC

1968년

세계 인구 35억 명
대기 중 탄소 농도 323피피엠
남은 야생지 59퍼센트

〈동물원 탐사〉 여행 중 나는 전 세계 오지에서 나와 사뭇 다른 삶을 살아가는 사람들과 시간을 보냈으며 그들에 대해, 또한 그들이 만물을 바라보는 방식에 대해 많은 것을 배우기 시작했다. 그들이 살아가는 모습과 세상을 바라보는 관점을 영국 시청자에게 보여 주면 유익할 듯했다. 그래서 해외 영상의 초점을 바꿔 동남아시아, 서태평양의 제도, 오스트레일리아 등 유럽에서 멀리 떨어진 지역민의 삶과 관습을 보여 주는 영상을 만들기 시작했다. 사람에게 열중하다 보니 그들의 믿음과 삶을 구성하는 방법에 대해 더 알아야겠다는 생각이 들었다.

그렇게 나는 정규직 프로듀서를 그만두었다. 다만 앞으로 몇 년간 열두 달 중 여섯 달은 프로그램을 제작하되 나머지 기간에는 런던정치경제대에서 인류학을 공부하기로 마음먹었으며 BBC로부터 허락을 받았다. 근사한 계획 같았지만 오래가지는 않았다.

1960년대에 BBC는 당시 흑백텔레비전 일색이던 영국에 컬러텔레비전을 도입하는 임무를 받았다. 이 사업은 BBC2라는 새 방송사에서 추진하기로 했다. 방송 프로그램 또한 새로운 스타일과 주제를 발굴해야 했다. 이것이 정확히 무엇인지는 정의되지 않았으며 담당자의 재량에 맡기기로 했다. 방송에 흥미를 가진 사람에게 그런 일자리는 거부할 수 없는 유혹이었다. 어쨌든 그 제안을 받았을 때 내 심정은 그랬다. 1965년 나는 인류학 공부를 중단하고 관리직으로 BBC에 복귀했다.

1968년, 나는 크리스마스를 나흘 앞두고 BBC 텔레비전 센터 국제부 제어실 뒤쪽에 서서 우주 탐사선 아폴로 8호가 지구로 보내오는 사진을 지켜봤다. 아폴로 8호가 특별하다는 건 우리 모두 알았다. 사상 처음으로 승무원이 지구 궤도를 벗어나서 달까지 날아가 주위를 돌며 인간이 한 번도 보지 못한 달의 뒷면을 찍고 돌아오기로 한 것이다. 케네디 대통령이 천명한 대로 1960년대가 지나기 전에 달에 사람을 보낸다는 계획의 리허설 격이었다.

이번 탐사의 초점이 달에 있는 것은 분명했지만 승무원과 우리의 관심을 사로잡은 것은 뜻밖에도 지구의 사진이었다. 프랭크 보먼, 짐 러벌, 빌 앤더스는 지구 전체를 맨눈으로 볼 수 있을 만큼 멀리 날아간 최초의 사람이었으며 이는 그들에게 깊은 인상을 남겼다. 비행을 시작한 지 세 시간 반 만에 짐 러벌은 미 항공우주국에 상황을 전했다.[8]

"지금 중앙 창문 밖으로 지구가 고스란히 보인다."

승무원은 넋을 잃었다. 세 사람 다 '아름답다'라는 말을 연발했다. 앤더스는 허겁지겁 탐사선의 카메라를 가져와 지구 전체를 사진으로 촬영한 최초의 인물이 됐다. 경치는 장관이었다. 지구가 물구나무선 채 프레임을 가득 채웠으며 12월의 여름 햇빛이 남아메리카를 비췄다. 하지만 이 사진은 탐사선에서 찍은 여느 사진과 마찬가지로 탐사선이 귀환할 때까지 현상되지 않았다. 전 세계 텔레비전 스튜디오에서 기다리던 것은 전자 사진이었다.

탐사선에서 첫 방송을 내보낼 시간이 다가오자 전 세계에서 단일 텔레비전 프로그램의 시청자로는 가장 많은 사람이 채널을 고정했다. 우리를 맞이한 것은 놀랍게도 캡슐 내부의 근사한 영상이었다. 보먼은 몇 마디 의례적인 인사 뒤에, 비디오카메라를 조작하는 앤더스가 창문을 통해 지구를 렌즈에 담을 수 있는 위치로 우주선이 회전하기를 기다린다고 설명했다.

그가 우리에게 말했다.

"이제 여러분에게 정말로 보여 주고 싶은 장면이 다가옵니다."

하지만 그 순간 영상이 사라졌다. 휴스턴 통제실에서는 사진이 먹통이라고 황급히 승무원에게 알렸다. 우리 모두 하릴없이 기다렸다. 몇 분간 기기를 만지는 광경이 고스란히 생방송으로 송출된 뒤 망원렌즈가 문제로 밝혀졌다. 하지만 앤더스가 광각렌즈로 교체한 뒤에도 영상은 보이지 않았다. 휴스턴에서 말했다.

"렌즈 뚜껑을 열었나?"

"열었다. 당연히 확인했다."

그때 영상이 불쑥 화면에 나타났다. 프레임 안에 원반이 보였지만, 광각렌즈여서 너무 작았다. 하지만 더 큰 문제는 노출이었다. 지구가 햇빛에 뒤덮여 너무 밝게 보였다. 휴스턴에서 전했다.

"화면에 아주 밝은 점이 보인다. 우리가 보는 게 뭔지 잘 모르겠다."

보먼이 송구스럽다는 듯 말했다.

"그게 지구다."

승무원은 영상을 개선할 수 없자 우주선 내부를 구경시켜 줬다. 우리는 우주 비행사가 무중력 상태에서 점심 먹는 광경을 보았다. 짐은 어머니의 생일을 축하했다. 그렇게 통신은 끝났다. 보먼이 말했다.

"다른 렌즈를 끼울 수 있는지 알아보겠다."

우리는 다음 방송에서 또 다른 시도를 목격하기까지 하루 종일 기다려야 했다. 12월 23일 전 세계 시청자 수는 10억 명으로 늘었다. 단연 사상 최대였다. 보먼은 뿌듯한 선언으로 말문을 열었다.

"잘 잤나, 휴스턴. 여기는 아폴로 8호다. 지금 텔레비전 카메라가 지구를 정면으로 비춘다."

승무원은 뷰파인더가 없었기에 프레임에 정확히 무엇이 있는지 알 수 없었다.

"프레임 구석에서 매우 잘 보인다"라고 휴스턴이 말했지만 지구는 휙 흔들리더니 사라졌다. 망원렌즈가 정상적으로 작동하고는 있었지만, '약간 왼쪽으로, 약간 오른쪽으로' 조정하는 괴로운 시간이 몇 분간 뒤따랐다. 우주선이 29만 킬로미터 거리에서 천천히 회전하는 동안 승무원은 피사체를 보지 못한 채 지구를 렌즈에 담으려고 안간힘을 썼다.

하지만 지구가 화면을 들락날락하는 중에도 인간의 4분의 1이 이 장면을 지켜봤다. 눈조차 깜박할 수 없었다. **그것**은 온 인류를 품은 지구였다. 우주선에서 사진을 찍는 세 사람만 빼고.

1968년 크리스마스, 그 한 장의 사진으로 텔레비전은 그 누구도 이토록 생생하게 그려 볼 수 없었던 것을, 어쩌면 우리 시대의 가장 중요한 사실일지도 모르는 것을 인류에게 이해시켰다. 그것은 우리 지구가 작고 외톨이이고 연약하다는 사실이었다. 지구는 우리가 가진 유일한 장소, 우리가 아는 한 **생명** 자체가 존재하는 유일한 장소, 유일무이하게 귀중한 장소다.

아폴로 8호에서 보낸 사진은 전 세계인의 사고방식을 바꿨다. 앤더스가 말했다.

"우리는 달을 탐사하려고 여기까지 왔는데, 가장 중요한 사실은 지구를 발견했다는 것이다."

우리는 우리의 보금자리가 무한하지 않음을 모두가 동시에 깨달았다. 우리의 존재 범위에는 한계가 있었다.

〈동물원 탐사〉 촬영 중 데이비드가 만난 뉴기니 원주민

©BBC

1971년

세계 인구 37억 명
대기 중 탄소 농도 326피피엠
남은 야생지 58퍼센트

1965년 BBC에서의 관리 업무를 받아들이면서 나는 2~3년마다 몇 주씩 책상을 벗어나 프로그램을 제작하게 해 달라고 요청했다. 그렇게 하면 시시각각 변하는 프로그램 제작 기술에 뒤처지지 않으리라는 것이 나의 주장이었다. 그러다 1971년에 적당한 주제가 떠올랐다.

20세기 초까지는 유럽 여행자가 자신의 대륙을 떠나 지구상의 머나먼 미개척지를 탐사하려면 도보로 이동하는 수밖에 없었다. 전혀 알려지지 않은 국가에 갈 때는 짐꾼을 고용해 식량과 천막을 비롯해 (문명에서 멀리 떨어져 자급하는 데 필요한) 모든 장비를 날라야 했다. 하지만 20세기 들어 내연기관이 발전하면서 더는 그럴 필요가 없어졌다. 탐험가는 이제 SUV, 경비행기, 심지어 헬리콥터를 타고 다녔다. 내가 알기로 도보로만 이동하는 탐험가가 아직도 중요한 발견을 하는 곳은 한 곳뿐이었다. 바로 뉴기니였다.

오스트레일리아 북쪽에 있으며 길이가 2,400킬로미터인 뉴기니섬 전역은 열대림으로 덮인 가파른 산악 지대다. 심지어 1970년대 들어서도 외부인이 한 번도 가지 못한 지역이 남아 있었는데, 길게 늘어선 짐꾼과 함께 걷는 것만이 유일한 방법이었다. 그런 탐사를 통해 매혹적인 영상을 제작할 수 있을 듯했다.

　당시에 뉴기니섬의 동쪽 절반은 오스트레일리아 관할이었다. 나는 오스트레일리아 텔레비전 방송사에 있는 친구에게 연락했다. 그들이 알아보니 한 채굴 회사가 광물 탐사를 위해 이 미지의 지역에 가게 해 달라고 허가를 요청한 상태였다. 하지만 정부 정책에 따르면 그런 허가를 받기 위해서는 사람이 사는지 여부가 우선 확인돼야 했다. 항공사진에서는 오두막이나 건물이 하나도 발견되지 않았지만 숲의 카펫 위에 사람이 개간한 것처럼 보이는 좁은 빈터 한두 곳이 있었다. 헬리콥터가 착륙할 수 있을 만큼 큰 빈터는 하나도 없었다. 그곳이 무엇인지 알아내는 방법은 도보 순찰대를 보내는 것뿐이었다. 나는 정 원하면 촬영 팀과 함께 그 순찰대에 동행할 수 있다는 답변이 돌아왔다.

　내 계획은 간단했다. 해당 지역에서 가장 가까운 유럽인 정착지는 암분티라는 작은 정부 출장소였다. 세픽강이 섬 북해안을 따라 동쪽 근방으로 흐르다 태평양과 만나는데, 암분티는 그 강 유역에 있었다. 탐사를 지휘할 사람은 암분티에서 일하는 로리 브래그라는 공무원으로, 그가 짐꾼을 고용하기로 했다. 우리는 수

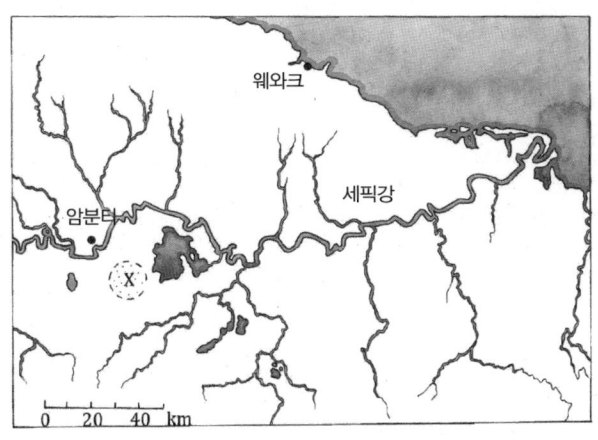

세픽강 유역 및 암분티 확대도

©리지 하퍼

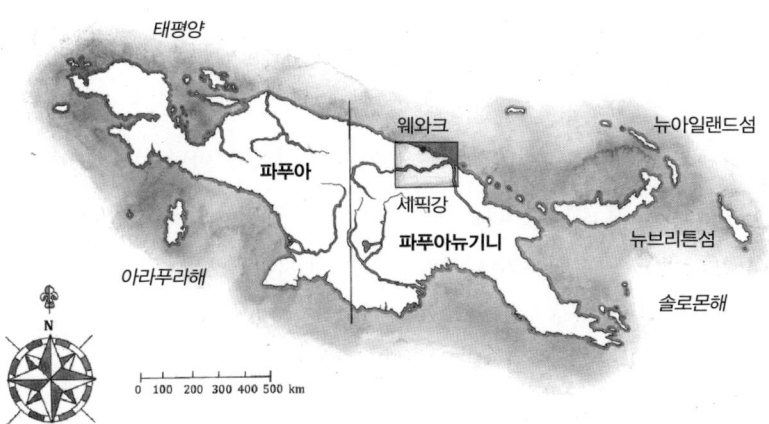

파푸아뉴기니 전도

©리지 하퍼

상비행기를 전세 내어 그의 출장소를 찾아가 강에 착수着水한 뒤 합류할 작정이었다.

알고 보니 이번 여정은 그때껏 겪은 것 중에서 가장 고역이었다. 로리는 짐꾼을 100명이나 모집했지만 우리에게 필요한 식량을 모두 옮기려면 그로도 모자랐다. 3주가 지나자 추가 보급품을 공중 투하로 공급받아야 했다. 게다가 우리는 섬을 가로질러야 했다. 매일 아침 동이 트자마자 걷기 시작해 이제껏 만나 본 것 중에서 가장 빽빽한 숲을 헤치고 가파른 진흙땅을 밟아 산등성이에 오른 뒤에 반대편의 흠뻑 젖은 덤불을 미끄러지듯 내려가 작고 구불구불한 강을 첨벙첨벙 건너는 과정을 몇 번이고 반복했다. 오후 네 시가 되면 행군을 멈추고 천막을 쳤다. 다섯 시 정각에 어김없이 쏟아붓는 폭우를 막기 위해 방수포도 둘렀다.

이렇게 3주 하고도 반이 지났을 때 짐꾼 하나가 야영지 가장자리 숲속에서 사람 발자국을 발견했다. 전날 밤 누군가 근처에서 우리를 지켜보았던 것이다. 우리는 발자국을 따라갔다. 밤마다 천막을 치고 나서 소금 덩이, 잭나이프, 유리구슬 같은 선물을 내다 놨다. 짐꾼 하나가 나무 그루터기에 지키고 앉아 몇 분에 한 번씩 우리가 친구이며 선물을 가져왔다고 소리쳤다.

하지만 우리가 추적하는 사람이 누구이든 그들이 짐꾼의 말을 알아들을 가능성은 희박했다. 뉴기니에는 언어가 1,000개 이상 있었으며 서로 말이 통하지 않았기 때문이다. 작은 집단조차 언어가 따로 있었다. 우리는 밤이면 밤마다 외쳤다. 아침이 되면 선물은 제자리에 그대로 있었다.

3주가 더 지나자 물품이 바닥나기 시작했다. 우리는 천막을 쳤으며 이틀간 짐꾼이 거목을 힘겹게 베어 헬리콥터가 새 보급품을 떨어뜨리도록 공터를 만들었다. 보급품이 정확히 투하되자 우리는 출발했다. 짐꾼은 다시 무거운 짐을 짊어졌지만, 하마터면 식량이 바닥날 뻔했기에 불평하지 않았다. 이렇게 출발한 지 4주 만에 닿은 지점은 이미 지도에 표시된 곳이었다. 탐사와 촬영은 실망스럽게 끝날 듯했다.

그러던 어느 날 아침 방수포 밑에서 잠이 깼는데, 1~2미터 떨어진 곳에 자그마한 남자가 무리 지어 서 있었다. 키가 1.5미터 이상인 사람은 아무도 없었다. 넓은 나무껍질 허리띠를 두르고 앞뒤로 나뭇잎을 끼워 넣은 것 말고는 벌거벗은 채였다. 몇 명은 코에 뭔가를 꿰었다(나중에 알고 보니 박쥐 이빨이었다). 촬영기사 휴는 필름을 장전한 카메라를 잠잘 때도 항상 곁에 뒀는데, 아니나 다를까 이미 촬영하고 있었다. 남자는 우리 같은 사람을 생전 처음 보는 듯 눈을 동그랗게 뜬 채 우리를 쳐다보았다. 나도 물론 똑같이 했다. 그들 같은 사람을 한 번도 본 적이 없었으니까.

놀랍게도 소통은 어렵지 않았다. 나는 식량이 부족하다고 손짓했다. 그들은 입을 가리키며 고개를 끄덕이고는 끈 바구니를 열어 그들이 채집한 뿌리를 보여 줬다(아마도 토란이었을 것이다). 나는 우리가 가져간 소금 덩이를 가리켰다. 소금은 뉴기니 전역에서 화폐로 쓰인다. 그들이 고개를 끄덕였다. 우리는 교역을 시작했다. 그런 다음 로리가 가장 가까운 강의 이름을 그들에게 물었다. 이것은 설명하기가 더 힘들었지만, 그들은 결국 알아듣고는 강을 나열하기 시작했다. 강을 몇 개나 아는지 물었더니 손가락을 하나하나 꼽고 나서 팔뚝과 팔꿈치를 두드리고는 팔을 지나 목 옆쪽에서 마무리했다. 사실 로리는 강의 진짜 이름이나 개수에는 관심이 없었다. 그가 알고 싶었던 것은 그들이 무슨 몸짓으로 숫자를 가리키는가였다. 그는 지역 내 다른 집단의 숫자 세는 몸짓을 알았는데, 이 자그마한 사람이 쓴 몸짓은 그들의 교역 상대가 누구인지 보여 주는 실마리였다.

10분쯤 지난 뒤 남자는 이제 가겠다는 표시로 팔을 흔들고 눈알을 굴리기 시작했다. 우리는 화답해 손을 흔들고는 아침에 식량을 더 가지고 돌아오라며 초대의 뜻을 전했다. 그들은 떠났다.

이튿날 아침 우리의 바람대로 그들이 뿌리를 더 가지고 다시 나타났다. 우리는 그들이 어디 사는지, 여자와 아이를 만날 수 있는지 물었다. 그들은 약간 어리둥절한 듯 망설이다가 고개를 끄덕이고는 우리를 숲속으로 안내했다. 우리는 몇 미터 뒤처져 따라갔다. 길은 험난했다. 식생은 매우 빽빽했다. 거목 줄기를 돌다 그들을 놓쳤다. 반대편에서 그들은 자취를 감췄다. 사라진 것이다. 우리는 소리를 질렀다. 하지만 대답이 없었다. 우리가 매복을 당한 것일까? 알 도리가 없었다. 우리는 몇 분간 그들을 부르다 돌아서서 야영지로 돌아왔다.

　내게는 모든 인간이 한때 어떻게 살았는지에 이미지가 있었다. 그들은 소규모 집단을 이뤄 살며 필요한 모든 것을 주변 자연에서 구했을 것이다. 그들에게 필요한 자원은 저절로 재생되는 것이었다. 그들은 쓰레기를 거의 또는 전혀 만들지 않았다. 사실상 영원히 계속될 수 있는 방식으로 환경과 균형을 이룬 채 지속 가능하게 살았다. 며칠 뒤 20세기로 돌아와 텔레비전 센터의 내 책상 앞에 앉았다.

파나마 가툰호 옆의 나무에 매달린 세발가락나무늘보와 새끼

©지자 고든/파나마 와일드라이프/앨러미

1978년

세계 인구 43억 명
대기 중 탄소 농도 335피피엠
남은 야생지 55퍼센트

BBC2는 매우 야심찬 방송 포맷을 개척했다. 그것은 원대하고 중요한 주제를 체계적으로 탐구하는 50분(또는 한 시간)짜리 프로그램 열세 편으로 이뤄진 시리즈물이었다. 첫 시리즈는 BBC가 도입한 새 컬러 시스템의 높은 수준을 과시하기 위한 것이었다. 그래서 지난 1,000년에 걸쳐 유럽에서 배출한 가장 아름답고 유명한 그림, 조각, 건물을 보여 줬다. 미술사가 케네스 클라크 경이 대본을 썼으며 제작 기간은 3년이었다. 영국에서 250만 명이 시청했다. 미국에서는 시청자 수가 두 배에 달했다. 반응은 열광적이었다. 어찌나 성공적이었던지 우리는 곧장 후속편 제작에 착수했다. 이번에는 서구 과학의 역사를 탐구할 작정이었다. 그런 다음 미국 건국 200주년을 기념하는 시리즈를 제작할 계획이었으며 또 다른 시리즈도 준비했다.

　하지만 나는 모든 이야기를 통틀어 가장 원대한 이야기인 생명 자체의 역사를 이 형식으로 들려줘야 함을 분명히 알았다. 그 누가 구상한 것보다 유익한 시리즈가 될 터였으며 내가 직접 제작하고 싶었다. 하지만 다른 일과 병행할 수는 없었다. 8년간 관리직을 맡았으니 이젠 그만둘 때도 됐다는 생각이 들었다. 그래서 다시 BBC를 떠나 누가 후임자가 되든 그에게 이 아이디어를 제안해야겠다고 마음먹었다.

일은 착착 진행됐으며 시리즈는 승인됐다. 나는 〈지구의 생명 Life on Earth〉이라는 제목을 붙였다. 제작 팀을 구성하는 데는 시간이 좀 걸렸다. 나는 열세 편 남짓의 대본을 단번에 썼다. 30여 개국에서 600여 종의 동물을 촬영할 팀을 모집해 꾸렸다. 나는 이따금 현장을 찾아가 장면을 연출하고 복잡한 이론적 배경을 설명하고 새 주제를 소개하고 한 대륙에서 프레임 밖으로 나갔다가 다음 프레임에서 우리가 또 다른 대륙에 도착했다고 말하며 이야기를 이어 갈 계획이었다. 촬영 팀과 함께 다양한 지역을 돌아다녀야 할 터였다. 이 시리즈를 촬영하려면 240만 킬로미터를 여행해야 했다. 나는 지구를 두 바퀴 돌아야 했으며 여섯 개의 촬영 팀이 끊임없이 매달려야 했다. 몇 달씩 내리 타지에서 지내야 했다. 몇몇 장면에서는 해양 플랑크톤, 거미, 벌새, 산호초에 사는 어류, 박쥐, 그 밖에 수십 종의 동물을 촬영하기 위해 특수한 지식과 촬영기술을 갖춘 촬영기사를 써야 했다. 생명의 역사를 들려주는 것은 내가 그때껏 도전한 것 중에서 가장 거대한 과제였으며 나는 인생

〈지구의 생명〉 촬영차 가이아나 카이어투어 폭포 옆에 선 데이비드

©BBC

의 3년을 이 일에 바칠 작정이었다. 가슴이 두근거렸다.

원숭이와 유인원의 진화를 다룬 프로그램의 핵심 장면 중 하나는 엄지손가락이 나머지 손가락과 마주 보도록 발달한 이유에 대한 것이었다. 이 해부학적 특징 덕에 원숭이는 나뭇가지를 붙잡을 수 있었고 인간은 연장을 휘두르고 결국에는 펜을 잡을 수 있었다. 이 능력은 우리 종의 성공과 문명에서 결정적 역할을 했다. 이 점을 설명하는 데는 원숭이나 유인원 중에서 아무 종이나 골라도 무방했지만 이 편의 감독 존 스파크스는 고릴라를 내세우는 게 가장 극적일 거라고 생각했다.

스파크스는 중앙아프리카 르완다에서 빼어난 미국인 생물학자 다이앤 포시와 함께 지낸 희귀한 산고릴라 무리가 인간에게 익숙해져서 낯선 사람이 가까이 가도 (포시가 함께 있는 한) 개의치 않는다는 정보를 알았다. 그래서 그녀에게 연락했다. 그녀가 연구한 고릴라는 심각한 멸종 위협에 처해 있었다. 르완다 인구가 급증한 탓에 사람들이 경작지를 얻기 위해 고릴라가 서식하는 산림을 벌목했기 때문이다. 남은 고릴라는 300마리도 채 되지 않았다. 산고릴라가 텔레비전에 나오면 전 세계가 그들의 어려움에 주목할 수도 있었다. 그녀는 이런 생각에서 우리를 돕는 데 동의했으며 1978년 1월에 우리는 르완다로 떠났다.

우리는 포시의 숙소에 가장 가까운 소형 이착륙장인 루헹게리에 내렸다. 거기서 화산의 비탈 위로 몇 시간을 걸어 포시가 사는 고산 숲에 도착했다. 포시와 함께 일하는 이언 레드먼드라는 젊은 과학자가 우리를 마중 나왔다. 그는 궂은 소식을 전했다. 출생 이후로 포시가 알고 유난히 아끼던 어린 수컷 고릴라가 끔찍하게 훼손된 사체로 발견됐다고 했다. 밀렵꾼의 총에 맞은 것이다. 밀렵꾼은 고릴라의 머리와 손을 잘랐다. 기념품을 제작하는 상인에게 팔기 위해서였다. 포시는 비탄에 잠겼다. 게다가 폐가 감염돼 위중한 상태여서 숙소를 벗어날 수 없었다. 그럼에도 우리를 돕기 위해 최선을 다했다.

숙소로 올라가는 길은 길고 험했다. 마침내 도착했을 때 그녀는 숙소 침대에서 피를 토했다. 중병에 걸린 것이 분명했지만, 우리를 고릴라로 안내할 만큼 회복될 거라고 장담했다.

이튿날에도 기운을 차리지 못했기에 레드먼드가 우리를 숲속으로 안내했다. 그곳은 내가 가본 어느 곳과도 달랐다. 왜소하고 울퉁불퉁한 나무가 안개에 에워싸인 채 어깨 높이의 대형 셀러리와 쐐기풀 덤불 위로 솟았다. 고릴라 발자국을 발견한 뒤에 덤불을 헤치며 추적하는 일은 수월했다. 한 시간쯤 지났을 때 앞에서 쿵 하는 소리가 들렸다. 가까이 온 것이 틀림없었다. 우리가 조심조심 앞으로 나아가는데, 레드먼드가 요란한 그르렁 소리를 잇달아 내어 우리가 왔음을 알렸다. 고릴라를 놀라게 하지 않기 위해서였다. 안 그러면 우두머리 수컷이 우리를 공격할 수도 있었다. 공터에 이르자 레드먼드가 멈추라고 말했다. 이제 고릴라가 우리를 보도록 몸을 드러낸 채 앉아야 했다. 우리가 레드먼드와 함께 있는 것을 알면 놈은 겁내지 않을 터였다.

몇 분간 가만히 있다가 다시 출발했는데, 이내 고릴라 가족과 마주쳤다. 놈은 식물을 한 줌 뜯어먹었다. 우리는 자리에 앉아 넋을 잃고 바라보았으며, 몇 분 뒤에 놈은 일어나 어슬렁어슬렁 떠났다. 우리가 받아들여졌다고 레드먼드가 말했다. 다음번에는 촬영할 수 있을 거라고 했다.

이튿날 레드먼드의 안내에 따라 고릴라가 먹이를 찾는 광경을 멀찍이서 촬영했다. 놈들은 우리를 사실상 무시했다. 마침내 스파크스가 내게 고릴라 가까이 앉은 기분이 어떤지 카메라에 대고 직접 설명하라고 제안했다. 우리는 먹이를 먹느라 바쁜 무리에 천천히 다가갔으며, 나는 고릴라가 화면 배경으로 보일 만큼 조심스럽게 접근했다. 그러고는 카메라를 돌아보며 입을 열었다.

"고릴라와 시선을 교환하는 것에는 제가 아는 어떤 동물보다 큰 의미와 상호 이해가 있습니다. 시각, 청각, 후각이 우리와 무척 비슷하기에 그들은 우리와 거의 같은 방식으로 세상을 봅니다. 우리는 대체로 영구적인 가족 관계를 이뤄 똑같은 사회집단 속에서 살아갑니다. 그들은 우리처럼 땅 위를 걸어 다닙니다. 힘은 우리보다 어마어마하게 세지만요. 그러니 인간 조건을 벗어나 다른 생물의 세상에서 살아가는 것을 상상할 여지가 조금이라도 있다면 그것은 고릴라의 세상일 것입니다. 수컷 고릴라는 힘이 장사지만 가족을 지킬 때만 힘을 씁니다. 집단 안에서 폭력이 벌어지는 일은 매우 드뭅니다. 따라서 인간이 호전적이고 폭력적인 것의 상징으로 고릴라를 고른 것은 사실 무척 부당합니다. 고릴라가 우리와 유일하게 다른 점이 바로 그것이니까요."

나는 고릴라가 전설 속의 흉포한 야생 짐승이 아님을 사람들에게 알리고 싶었다. 고릴라는 우리의 사촌이며 우리는 고릴라를 보살펴야 한다. 소름 끼치는 진실은 내가 어릴 적 암석에서 관찰한 멸종 과정이 바로 여기 내 주위에서 내게 친숙한 동물(우리와 가장 가까운 친척)에 벌어진다는 것이었다. 그리고 그 책임은 우리에게 있었다.

이튿날 찾아갔을 때 놈은 전날 있던 곳에서 멀지 않은 곳에 있었다. 작은 개울 건너편 비탈이었다. 마틴 손더스가 카메라를 설치하고 녹음기사 디키 버드가 소형 무선마이크를 내 셔츠에 달았다. 마주 보는 엄지손가락이 진화적으로 어떤 의미인지 이야기할 때가 됐다고 스파크스가 말했다.

나는 비탈을 기어 내려가 작은 개울을 건넌 뒤 맞은편 비탈을 엉금엉금 기어올라 손더스와 카메라가 나와 고릴라를 볼 수 있을 법한 지점에 도착했다. 스파크스가 엄지손가락을 치켜들었다. 하지만 입을 열기도 전에 머리 위에 뭔가가 내려앉았다. 고개를 돌려 보니 거대한 암컷 고릴라가 내 뒤쪽 수풀 속에서 나타나 내 머리에 손을 얹은 것이었다. 암컷은 그윽한 갈색 눈으로 나를

〈지구의 생명〉 촬영 중에 데이비드가 만난 르완다 산고릴라

똑바로 쳐다보았다. 그러다 손을 내 머리에서 떼고는 나의 아랫입술을 제껴 입안을 들여다보았다. 마주 보는 엄지손가락의 진화적 의미에 대해 이야기할 시점은 아니라는 생각이 들었다. 그때 다리에 뭔가가 닿았다. 새끼 고릴라 두 마리가 내 발등에 앉아 구두끈을 가지고 놀았다.

이 상호작용이 분이나 초로 따져 얼마나 오래 지속됐는지는 감을 못 잡겠다. 틀림없이 몇 분 이내였을 것이다. 나는 광적인 행복감에 휩싸였다. 새끼는 구두끈에 흥미를 잃어 어슬렁어슬렁 떠났다. 어미는 새끼를 바라보다가 몸을 일으켜 뒤따라갔다.

나는 뿌듯한 마음에 휩싸인 채 엉금엉금 촬영 팀에게 돌아갔다.

우리는 이튿날 아침 떠나야 했다. 포시에게 작별 인사를 건네자 그녀는 자신이 아끼는 이 경이로운 생명체를 보호하기 위한 기금 모금에 애써 달라고 내게 당부했다. 런던으로 돌아온 이튿날 나는 약속을 이행했다.

✳✳✳

우리는 세상에서 가장 큰 영장류를 촬영했다. 그러고 나니 이제껏 존재한 것 중 가장 큰 생물의 영상을 〈지구의 생명〉에 담아야겠다는 생각이 들었다. 바로 고래였다.

수천 년간 대왕고래를 사냥한 사람은 카누를 타고 손에 작살만 든 용감한 자였다. 처음에는 힘의 균형이 고래 쪽으로 기울었다. 고래는 인간 고래잡이보다 훨씬 컸을 뿐 아니라 몇 초 안에 잠수해 바다 깊숙이 달아날 수도 있었다. 하지만 20세기 들어 균형이 반대쪽으로 급격히 기울었다. 우리는 고래를 추적하고 폭약이 장착된 작살을 발사하는 방법을 개발했다. 거대한 고래 사체를 하루에도 여러 마리씩 해체할 수 있는 공장이 해상과 육지에 지어졌다. 고래잡이는 산업화되었다. 내가 태어났을 즈음 해마다 5만 마리의 고래가 도살돼 기름, 살코기, 뼈가 시장에 팔려 나갔다.

　　최초의 고래는 육상동물에서 진화했다. 육상동물의 크기는 뼈의 역학적 강도에 의해 제한된다. 일정한 무게를 초과하면 뼈가 부러지기 때문이다. 하지만 해양 동물인 고래는 물의 부력을 받기에 어느 육상동물보다 커질 수 있으며 실제로도 그랬다. 콧구멍은 머리 꼭대기로 이동했고 앞다리와 꼬리는 지느러미발이 됐으며 뒷다리는 사라졌다. 수천만 년간 고래는 난바다(육지로 둘러싸이지 않고 육지에서 멀리 떨어진 바다_옮긴이)의 복잡한 생태계를 이루는 중요한 구성원이었으며 수십만 마리가 바다를 누볐다.

　　난바다에서 생명을 제약하는 핵심 조건은 영양소를 얻는 것이다. 조건이 맞아떨어지면 동식물은 바닷물 위쪽에서 살아가다가 죽고 나면 '바다눈marine snow'이 돼 끊임없이 떨어져 내린다. 영양소가 무한정 공급되지 않으면 표층수는 생명이 거의 존재할 수 없다. 육상식물이 햇빛과 물 이외에도 거름이 필요한 것과 마찬가지로, 광합성을 하며 해양 먹이그물의 토대를 이루는 식물플랑크톤이 번성하려면 햇빛이 비치는 해수면과 질소화합물이 필요하다. 바다에는 분해된 바다눈이 해저의 산맥과 융기 위를 흐르는 해류에 의해 교란되고 상승하는 곳이 있는데, 이곳에서 식물플랑크톤과 어류가 번성할 수 있다. 하지만 난바다의 나머지 부분은 고래가 아니라면 드넓고 푸른 사막으로 남았을 것이다.

고래는 몸집이 하도 커서 먹이를 먹으려고 깊이 잠수하거나 숨을 쉬려고 수면으로 올라갈 때 주위의 물을 거세게 뒤흔든다. 그러면 영양소가 떠올라 해수면에 머무른다. 또한 고래가 대변을 누면 주변의 물이 무척 비옥해진다. 이 '고래 양수기'는 난바다의 비옥도를 유지하는 중요한 과정이다. 실제로 일부 해역에서는 바다로 흘러드는 강물보다 고래가 표층수에 더 많은 영양소를 공급한다고 한다.[9] 홀로세의 바다가 생산성을 유지하려면 고래가 필요했다. 하지만 20세기에 인간은 300만 마리 가까운 고래를 죽였다.[10]

고래는 이 규모의 남획을 오래 버틸 수 없다. 본디 고래는 수명이 무척 길다. 향유고래는 70년까지 살기도 한다. 암컷은 아홉 살이 돼야 성적으로 성숙한다. 임신 기간은 1년 이상이며 3~5년마다 한 번씩만 새끼를 낳는다. 산업적 고래잡이의 효율성이 점점 높아지면서 가장 큰 개체를 사냥감으로 골랐다. 가장 큰 이익을 거둘 수 있었기 때문이다. 고래는 사망률을 상쇄할 만큼 빠르게 새끼를 낳을 수 없었다.

〈지구의 생명〉 촬영 계획이 시작됐을 때 난바다에서 대왕고래를 산 채로 촬영한 사람은 우리가 알기로 아무도 없었다. 우리는 최초가 되기로 마음먹었다. 하지만 산업적 고래잡이가 시작되기 전에 25만 마리로 추산되던 개체 수는 1970년대 들어 수천 마리로 줄었다. 드넓은 난바다에 뿔뿔이 흩어져 여전히 고래잡이배의 추격을 받던 고래를 찾아내기란 사실상 불가능했다.

대신 우리는 하와이 바다에서 혹등고래를 찾아 나섰다. 우리에게는 고래를 발견하기 위한 도구가 하나 있었다. 바로 수중 청음기였다. 1960년대 후반, 박쥐의 초음파를 녹음하던 미국의 생물학자 로저 페인은 바닷속에서 노랫소리가 들린다는 미 해군의 주장을 검증하는 임무를 맡았다. 해군은 소련 잠수함의 소리를 감청하고 있었는데, 잠수함의 특징인 프로펠러 소리 말고도 마치 음악처럼 들리는 낯선 소리가 감지됐다. 페인은 이 노래의 주요 출처가 5,000마리가량(당시 개체 수)의 혹등고래임을 발견했다. 그의 녹음을 들어 보면 혹등고래의 노래는 길고 복잡하며 물속을 수백 킬로미터나 이동할 수 있는 저주파음이다.

혹등고래는 같은 수역에 사는 개체로부터 노래를 배운다. 노래마다 독특한 주제가 있으며 수컷마다 이 주제를 나름대로 변주한다. 시간이 지나면 노래도 달라진다. 그렇다면 고래도 음악 문화를 가진다고 말할 수 있지 않을까.

페인은 녹음을 1970년대에 레코드판으로 발매했다. 이 음반은 엄청난 인기를 끌었으며 고래에 대한 대중의 인식을 바꿨다. 동물성 기름의 공급원으로만 치부되던 생물이 인격을 가진 존재로 인정받은 것이다. 고래의 구슬픈 노래는 도움을 청하는 아우성으로 해석됐다. 1970년대는 정치적 분위기가 한껏 달아올라 있었기에 강력한 공통의 양심이 순식간에 자극됐다. 몇 명의 열성적 지지자가 시작한 고래잡이 반대 캠페인은 금세 주류 운동으로 발전했다. 인간이 동물을 멸종으로 몰아간 적은 역사적으로 여러 차례 있었지만, 용감한 운동가가 고래잡이 광경을 직접 촬영한 영상이 공개되자 고래잡이는 더는 용납될 수 없었다. 피바다가 된 해수면과 공장의 도축 장면을 감출 수 없었으며 고래잡이는 어업에서 범죄로 전락했다.

동물이 멸종하기를 바라는 사람은 아무도 없었다. 자연에 대한 인식이 커짐에 따라 우리는 자연을 걱정하기 시작했다. 텔레비전은 전 세계에서 이런 인식을 높이는 수단이었다.

***

1979년, 3년간의 작업 끝에 〈지구의 생명〉이 방송됐다. 프로그램은 전 세계 수백 곳에 배급됐으며 시청자 수는 5억 명으로 추산된다. '무한한 다양성'이라는 제목의 시리즈 첫 편에서는 동식물의 다양성을 폭넓게 조사해 다양성이야말로 생명의 필수 요건임을 밝혔다. 뒤이어 이런 다양성이 꽃피기까지의 진화 이야기를 열한 편에 담은 뒤 마지막 13편에서는 단 하나의 종인 인간에 초점을 맞췄다.

나는 인간이 나머지 동물계와 별개라는 인상을 주고 싶지 않았다. 우리는 특별한 위치에 있지 않다. 우리는 진화의 최종 정점으로 운명 지워지지 않았다. 우리는 생명의 나무에 달린 가지 하나에 불과하다. 그럼에도 나머지 모든 종을 옥죄는 많은 제약으로부터 벗어났다. 그렇기에 시리즈 마지막 편에서 나는 로마의 성베드로 광장에서 전 세계 **호모사피엔스**의 거대한 무리에 둘러싸인 채 이 요점을 설명했다.

"여러분과 저는 지구상에서 가장 널리 퍼지고 지배적인 종에 속합니다. 우리는 극지방의 얼음 위에서도 살고 적도의 열대 밀림에서도 살아갑니다. 가장 높은 산에 올랐고 바다 깊이 잠수했습니다. 심지어 지구를 떠나 달에 발을 디디기도 했습니다. 우리는 대형동물을 통틀어 수가 가장 많습니다. 현재 인구는 약 40억 명입니다. 우리는 혜성처럼 빠르게 이 위치에 올랐습니다. 이 모든 일이 지난 2,000년 안에 일어났습니다. 우리는 다른 동물의 행동과 개체 수를 지배하는 제약에서 벗어났습니다."

나는 50대가 됐으며 지구상의 사람 수는 내가 태어났을 때의 두 배가 됐다. 인간은 지구상의 나머지 생명과 점차 동떨어져 그들과 다른 독특한 방식으로 살아갔다. 우리는 거의 모든 포식자를 몰아냈다. 질병도 대부분 정복했다. 우리는 주문에 따라 식량을 생산하고 안락하게 사는 방법을 개발했다. 지구 생명의 역사에 존재한 어떤 종과도 달리 우리는 진화적 자연선택의 압박에서 벗어났다. 몸은 20만 년 전과 별로 달라지지 않았지만 행동과 사회는 우리를 둘러싼 자연환경으로부터 점차 동떨어졌다. 우리의 발목을 잡는 것은 아무것도 남지 않았다. 이젠 무엇도 우리를 멈추게 할 수 없다. 우리 스스로 멈추지 않는다면 우리는 지구의 물질적 자원을 계속 쓰다 급기야 죄다 써 버리고 말 것이다.

포시의 용감한 노력, 고래잡이 반대 운동의 성공, 피터 스콧의 하와이기러기 구조, 아라비아영양의 방생, 인도의 호랑이 보전 구역 지정에 이르는 이 모든 성과는 (점점 늘어나는) 환경보호 운동가 군단이 열성적으로 기금을 모으고 희귀한 종의 보호를 위한 정책을 요구한 결실이었으나 이것으로는 충분하지 않다. 호모사피엔스는 언제나 더 많은 것을 원하기에 다음의 단계는 필연적이다. 머지않아 서식처가 송두리째 사라지기 시작한다.

보르네오 칼리만탄 탄중 푸팅 국립공원의 암컷 오랑우탄

1989년

세계 인구 51억 명
대기 중 탄소 농도 353피피엠
남은 야생지 49퍼센트

내가 오랑우탄을 처음 본 것은 〈동물원 탐사〉의 세 번째 여정인 1956년 7월 24일이었다. 최초의 야생 대형 유인원을 맞닥뜨린 것은 잊을 수 없는 사건이었다. 놈은 거대한 수컷이었는데, 털이 북슬북슬한 붉은 형체가 나뭇가지에서 흔들거리며 나를 흥미롭게, 틀림없이 어느 정도 얕잡아보며 내려다보았다. 우리가 찍은 영상은 완벽과는 거리가 멀었다. 몸은 반쯤 가려졌고 역광을 받아 시커멓게 보였지만, 내가 알기로 텔레비전에서 야생 오랑우탄을 보여 준 적은 그때껏 한 번도 없었다.

우리는 보르네오 동부의 마하캄강을 따라 반쯤 올라간 롱하우스에서 묵었는데, 그곳의 현지 사냥꾼이 우리를 위해 찾은 오랑우탄이었다. 우리가 떠나자 사냥꾼 하나가 놈을 총으로 쐈다. 나는 격분해 뒤를 돌아보며 물었다.

"왜 그랬어요?"

그는 가족의 생계를 위해 재배하는 농작물을 저런 유인원이 먹어 치운다고 대답했다. 나는 그에게 그러지 말라고 말할 자격이 있었을까?

우림은 유난히 귀중한 서식처로, 세계에서 생물 다양성이 가장 크다. 육상에 서식하는 종의 절반 이상이 이 초록 숲속에서 발견된다. 습한 열대 지역은 거의 모든 식물에 필요한 두 가지 자원인 물과 햇빛이 풍부하다. 적도 근처에서는 1년 내내 태양이 하루 열두 시간씩 비치기에 계절이 없는 거나 마찬가지다. 기류가 열대 지방 전역에서 물을 끌어와 연평균 4미터에 이르는 강수량으로 숲을 적신다. 숲에서는 물의 순환도 일어난다. 매일 아침 햇볕이 거세게 내리쬐면 수조 개의 잎이 증산작용을 일으켜 수분이 안개처럼 솟아올랐다가 다시 비가 되어 내린다.

이 지역은 식물에 안성맞춤이기에 (지구 어디에서나 벌어지는) 공간을 차지하기 위한 경쟁이 가장 치열하다. 하늘로 40미터나 솟아오른 거목은 빛을 독차지하려고 우람한 가지를 사방으로 뻗는다. 이들은 지상에 매우 희귀한 장관을 만든다. 바로 진정한 3차원 서식처다. 왕관처럼 드리운 숲 지붕 아래의 나뭇가지는 날지 못하는 동물을 숲의 여기저기로 연결한다. 고속도로가 따로 없다.

저 아래 캄캄한 숲 바닥에서는 굵은 뿌리와 실뿌리가 뒤엉켜 거대한 줄기를 단단히 떠받친다. 수천 가지 식물이 수많은 방법으로 제 몸을 지탱한다. 어떤 것은 밑에서 나무줄기를 타고 올라가

양달을 차지한다. 어떤 것은 씨앗일 때 새에 의해 옮겨져 우람한 가지에 자리 잡는다. 또 어떤 것은 비교적 어두운 땅 가까이 살면서 낙엽에서 양분을 얻으며 느릿느릿 자란다.

이 식생의 안팎에는 동물이 있다. 작은 종이 큰 종보다 수적으로 훨씬 우세하다. 씨앗을 먹고 나무껍질을 쏠고 수액을 빨고 꽃꿀을 핥고 열매를 따고 잎을 뜯어먹는 수많은 무척추동물, 소형 포유류, 새무리가 이에 해당한다. 이들의 얽히고설킨 삶은 그 매듭을 풀려고 노력하는 자연주의자에게 언제나 놀라움을 선사한다. 작은 무화과 속에서 일생의 대부분을 보내는 무화과좀벌이 있는가 하면 꽃잎에 달라붙는 총채벌레, 나무에 생긴 웅덩이에서 헤엄치는 올챙이, 위장용 피부로 나무줄기에서 감쪽같이 몸을 숨기는 도마뱀도 있다. 우림에서는 진화의 혁신과 실험이 거침없이 벌어진다.

열대는 계절이 없어서 숲이 시간을 잊은 채 생물 다양성을 꽃피운다. 식물은 기후의 달력에 얽매이지 않은 채 아무 때나 꽃을 피우고 열매를 맺고 씨앗을 낼 수 있다. 어떤 나무는 줄기차게 열매를 맺는다. 또 어떤 나무는 몇 달, 심지어 몇 년간 자라기만 하다가 불쑥 꽃을 피우고 열매를 맺는다. 따라서 북쪽과 남쪽의 숲에서와 달리 우림에서는 꽃가루받이, 열매 먹기, 씨앗 모으기가 계절에 구애받지 않는다. 한 가지 먹이에 수십 가지 동물군에 속하는 수백 종의 동물이 1년 내내 달라붙어 있다.

수백만 종의 동물은 대부분 개체 수가 적고 서식 범위가 제한적이며 상당수는 매우 전문화됐다. 한 종의 나무에서만 살아가는 곤충도 있다. 이들의 얽히고설킨 관계는 이루 말할 수 없이 복잡하며 종 하나하나가 전체의 필수적인 부분이다.

내 기억에서 지워지지 않는 오랑우탄이 좋은 예다. 오랑우탄은 보르네오와 수마트라의 숲에 널리 분포하는데, 많은 숲 지붕 나무의 씨앗 전파에서 중요한 역할을 한다. 어미는 10년간 혼자서 새끼를 키우며 수십 가지 열매를 수확하는 시기와 방법을 가르친다.

오랑우탄은 대형동물이고 초식 위주이기에 매일 막대한 양의 먹이를 먹으며 익은 열매를 찾아 끊임없이 돌아다녀야 한다. 그러면서 씨앗을 그 자리에서 뱉거나 며칠간 뱃속에 넣어 다니다가 몇 킬로미터 떨어진 곳에 거름과 함께 떨어뜨린다. 두 방법 다 씨앗 발아의 가능성을 높이며 경우에 따라서는 필수적 조건으로 작용하기도 한다.

우림의 거대한 생물 다양성을 떠받치는 것은 수종의 놀라운 다양성이다. 이 다양성이 인류 때문에 사라진다. 나는 여러 프로그램을 위해 오랫동안 동남아시아의 숲을 찾아갔다. 1960년대부터 말레이시아에 이어 인도네시아에서도 현란할 만큼 다채로운 우림의 나무가 벌목되고 단 한 종의 기름야자나무로 대체되고 있다. 1989년 〈야생의 신비 Trials of Life〉 시리즈를 위해 1989년 말레

말레이시아 기름야자 농장

©리치 케리/셔터스톡/게티

이시아를 찾았을 때는 200만 헥타르의 농장에서 기름야자나무가 재배되고 있었다. 코주부원숭이를 찾아 강을 따라 여행하던 기억이 난다. 우리는 친숙한 초록색 커튼에 둘러싸였으며 시시때때로 새가 숲속에서 모습을 드러냈다. 어쩌면 모든 것이 괜찮을지도 모른다는 생각이 들었다.

하지만 비행기를 타고 돌아오면서 그 지역 위를 지나다 숲의 본모습을 보았다. 강 유역에 약 800미터 너비의 띠가 이어졌는데, 폭이 어찌나 좁고 고립됐던지 매일같이 줄어드는 것이 분명했다. 그 너머로, 공중에서 볼 수 있는 시야의 끝까지 펼쳐진 것은 단 하나의 수종, 줄지어 늘어선 기름야자나무였다.

이 풍성하고 놀라운 숲이 사라졌다는 사실을 받아들이기란 여간 힘든 일이 아니었다. 하긴 동남아시아인은 유럽과 북아메리카인이 이미 했던 일을 따라 할 뿐이었다. 오늘날 두 대륙을 찍은 위성사진에서는 드넓은 경작지에 띄엄띄엄 박힌 진녹색 숲의 작은 섬을 볼 수 있다. 진실은 숲을 베어 버리려는 이중의 유인이 언제나 존재했다는 것이다.

사람은 목재를 얻어 이익을 보고 헐벗은 땅을 경작해 다시 이익을 본다. 호모사피엔스가 숲을 그토록 단호하고도 무지막지하게 파괴하는 데는 이유가 있다. 현재 전 세계의 나무 수는 인류 문명이 시작됐을 때보다 3조 그루 줄어든 것으로 추산된다.[11] 오늘날 벌어지는 일은 수천 년간 진행된 지구적 숲 파괴의 마지막

장에 불과하다.

이제 우림 차례다. 내 인생의 후반부인 20세기 후반에 모든 것이 그랬듯 우리가 숲을 파괴하는 규모와 속도는 해마다 빨라진다. 전 세계 우림의 절반이 이미 사라졌다. 보르네오의 오랑우탄은 숲이 없으면 살아갈 수 없으며, 내가 그들을 처음 본 60여 년전 이후로 3분의 2가 줄었다.[12] 오랑우탄을 발견하고 촬영하기가 여전히 수월한 것은 개체가 풍부해서가 아니라 대다수가 보전구역과 보호소에서 살기 때문이다. 개체 수의 급격한 감소에 놀란 환경보호 운동가가 오랑우탄을 돌본다.

우림 벌목을 영원히 계속할 수는 없다. 영원히 계속할 수 없는 것은 정의상 지속 가능하지 않다. 지속 가능하지 않은 일을 하면 피해가 누적돼 결국 시스템 전체가 무너지고 만다. 아무리 큰 서식처도 무사하지 않다.

〈아름다운 바다〉 제작을 위해 더그 앨런이 촬영하는 흰돌고래 무리

1997년

세계 인구 59억 명
대기 중 탄소 농도 360피피엠
남은 야생지 46퍼센트

전 세계에서 가장 큰 서식처는 바다다. 바다는 지구 표면의 70퍼센트 이상을 덮지만, 깊이 또한 엄청나서 지구의 서식 가능 공간으로 따지면 97퍼센트를 차지한다.

지구의 생명은 바다에서 시작된 것이 거의 틀림없다. 아마도 해수면으로부터 수 킬로미터 아래 해저의 열수 분출공(뜨거운 물과 기체가 지하로부터 솟아나오는 굴뚝형 구멍_옮긴이)에서 살아가는 미생물이었을 것이다. 30억 년간 자연선택은 그런 단순하고 고립된 단세포에 작용하며 그들의 내부 작동을 다듬었다. 세포가 지금 정도의 구조적 복잡성에 이르기까지 15억 년이 걸렸으며 그런 세포가 뭉쳐 다세포생물처럼 유기적으로 협력하기까지는 15억 년이 더 지나야 했다.[13]

초기의 해양미생물은 대사 과정에서 메테인을 부산물로 배출했다. 메테인은 해수면으로 부글부글 올라와 천천히 지구 대기 조성을 바꿨다. 당시에는 지구가 지금보다 훨씬 추웠다. 이산화탄소보다 스물다섯 배 강력한 온실가스인 대기 중 메테인이 지구를 데우기 시작했으며 그 덕에 생명이 번성할 수 있었다.

그 뒤에 남세균이라는 미생물이 광합성을 시작해 햇빛 에너지로 자신의 조직을 만들었다. 이 과정에서 배출된 기체인 산소는 혁명을 일으켰다. 산소는 먹이에서 에너지를 뽑아내는 훨씬 효율적인 방법의 표준 연료가 돼 온갖 복잡한 생명체가 탄생할 길을 닦았다. 오늘날 바다 윗부분에서 떠다니는 식물플랑크톤의 상당 부분은 여전히 남세균이다. 여러분과 나, 그리고 우리와 이 땅을 공유하는 모든 동물은 따지고 보면 해양 생물의 후손이다. 우리는 바다에 모든 것을 빚졌다.

1990년대 후반 BBC 자연사 부서의 영상 제작자가 바다의 생명만을 다루는 시리즈를 만들자고 제안했다. 제목은 〈푸른 행성The Blue Planet〉(KBS 미디어에서 출시한 한국어판 DVD 제목이 '아름다운 바다'이므로 뒤에서는 〈아름다운 바다〉로 표기한다_옮긴이)으로 지었다. 바다는 모든 환경을 통틀어 촬영하기가 가장 까다롭고 비용이 많이 드는 곳이며 동물의 행동을 담아내기가 가장 힘든 곳이다. 궂은 날씨, 뿌연 시야, 어마어마한 3차원 공간 속에서 동물을 찾아야 하는 어려움 때문에 언제든 촬영을 망칠 수 있었다. 하지만 바다는 새롭고 놀라운 관점으로 자연을 바라볼 절호의 기회이기도 했다.

대왕고래(발라에놉테라 무스쿨루스 *Alaenoptera Musculus*)

© 리지 하퍼

바다를 텔레비전으로 처음 보여 준 사람은 한스 하스라는 빈의 생물학자로, 아내 로테와 함께 홍해 속을 촬영했다. 뒤이어 쿠스토 선장이 요구형 밸브demand valve를 발명했다. 이 장치는 지금도 잠수부의 수중 호흡을 위한 필수 메커니즘이다. 쿠스토는 오랫동안 지치지 않고 전 세계 바닷속을 촬영했다. 하지만 이 개척자가 열심히 노력한 뒤에도, 육지를 훌쩍 뛰어넘는 바닷속 생명의 어마어마한 다양성이 공개된 적은 거의 없었다.

〈아름다운 바다〉의 제작 기간은 5년에 달했으며 촬영 장소는 200곳에 가까웠다. 전문 수중카메라 기사는 산호초에서 구애하는 오징어, 조개를 잡으려 다시마숲에 잠수하는 해달, 텅 빈 껍데기를 놓고 다투는 소라게, 번식을 위해 태평양 해구에 몰려든 수백 마리의 귀상어, 그리고 (가장 귀하고 놀라운 광경으로는) 난바다에서 먹이를 사냥하는 돛새치와 참다랑어를 촬영했다. 심해저 평원에서 신종을 찾아보고 먹장어에 뜯기는 귀신고래 사체를 관찰할 때는 심해 장비를 동원했다. 내 역할은 영상에 해설을 곁들이는 것이었다.

한 팀은 초경량 항공기를 타고, 난바다를 순항하는 대왕고래를 3년간 촬영했다. 이는 시리즈의 첫 번째 장면이 됐다. 이제껏 지구상에 존재한 동물 중 가장 크고 산 채로 목격된 적이 거의 없으며 거의 아무것도 알려지지 않은 대왕고래가 마침내 세상에 모습을 드러냈다.

하지만 〈아름다운 바다〉의 가장 큰 업적은 '먹이공baitball' 장면이었다. 세렝게티에서 본 것만큼 장관인 자연의 드라마였다. 참다랑어가 먹잇감 어류 주위를 휘돌며 수면으로 몰아 가두면 겁에 질린 어류는 공 모양으로 단단히 뭉친다. 이제 참다랑어는 사방에서 번개처럼 빠르게 공격을 퍼붓는다. 상어와 돌고래 무리가 부글거리는 해수를 뚫고 난투극에 끼어든다. 돌고래는 아래쪽을 공략하되 거품 커튼으로 먹이공을 둘러싸 더욱 압축한다. 그때, 이 소동이 잦아들 것 같던 바로 그 순간 부비새gannet가 찾아와 물속으로 잠수하고 물살을 가르며 어류를 부리 가득 머금는다. 마지막으로, 고래가 나타나 거대한 양동이 입으로 남은 먹잇감을 빨아들인다.

이런 먹이공 광란은 바다 곳곳에서 하루에도 수천 번씩 일어나는 현상이지만, 이 광경을 바닷속에서 본 사람은 지금껏 아무도 없었다. 자연적 사건을 통틀어 예측이 가장 힘들고 그렇기에 영상에 담기가 가장 힘들기 때문이었다.

어떤 면에서 촬영 팀이 한 일은 참다랑어, 돌고래, 상어, 부비새가 하는 일과 똑같다. 심해에 있던 영양물질이 상승 해류를 타고 올라오면 '핫 스폿'이라는 커다란 플랑크톤 구름이 불쑥 생겨나 영양물질을 포식한다. 이런 잔치가 벌어지면 수백 킬로미터 떨어진 곳에서 작은 어류가 어마어마하게 몰려든다. 먹잇감 어류의 밀도가 충분히 높아지면 포식자가 공격을 벌여 순식간에 바다는 아수라장이 된다. 촬영 팀은 이 장면을 담기 위해 언제나 '순간 포착'을 노렸다. 수평선을 훑어보며 바닷새나 일사불란하게 이동하는 돌고래 무리를 찾았다. 하지만 400일이 지나도록 이런 징후를 하나도 포착하지 못했다. 바다에 생기가 넘치는 시기는 며칠뿐이었는데, 그때마다 이동 지점을 따라다니며 먹이공이 사라지기 전에 잠수해야 했다. 매우 위험한 작전이었지만 성공하면 타의 추종을 불허하는 드라마를 연출할 수 있었다.

대형 상업 선단이 국제 수역에 처음 진출한 것은 1950년대다. 법적으로 보자면 주인 없는 공간에 있는 셈이어서 아무 제약 없이 원하는 만큼 어류를 잡을 수 있었다. 처음에는 새로운 어장이 개척된 만큼 어획량이 풍성했다. 하지만 몇 년 지나지 않아 어디에 그물을 던져도 텅 빈 채 올라오기 일쑤였다. 그러면 선단은 다른 곳으로 이동했다. 하긴 바다는 드넓고 사실상 무한한 곳 아니던가? 하지만 몇 년간의 어획량 자료를 살펴보면 각 수역의 어류가 차례로 사실상 씨가 마른 것을 알 수 있다. 1970년대 중반이 됐을 때 그나마 충분한 어획량을 확보할 수 있는 곳은 오스트레일리아 동부 해역, 아프리카 남부 해역, 북아메리카 동부 해역, 남극해뿐이었다.[14] 1980년대에 접어들어서는 전 세계 어업이 채산을 맞추지 못해 각국 정부가 자국의 대형 선단에 재정 지원을 해야 했다. 사실상 **남획**을 부추긴 셈이었다.[15] 20세기 말 인류는 전 세계 대양에서 대형 어류의 90퍼센트를 없애 버렸다.

바다에서 가장 크고 귀중한 어류를 표적으로 삼는 관행은 특히나 심각한 피해를 일으켰다. 참다랑어와 황새치 같은 먹이사슬 꼭대기의 어류를 없앨 뿐 아니라 집단 내에서 가장 큰 개체(가장 큰 대구, 가장 큰 돔)를 없애기 때문이다. 어류 개체군에서는 크기가 중요하다. 대부분의 난바다 어류는 평생 성장한다. 암컷의 생식력은 크기와 관계가 있다. 몸집이 클수록 훨씬 많은 알을 낳는다. 따라서 일정한 크기 이상의 어류가 사라지면 가장 효과적으로 번식하는 개체가 사라지는 셈이어서 금세 개체군이 무너진다. 어업이 활발한 곳에서는 이제 대형 어류가 하나도 남지 않았다.

이 어류 사냥은 전 세계 연안의 어업 사회가 여러 세대에 걸쳐 갈고닦은 숨바꼭질이다. 언제나 그렇듯 우리는 타의 추종을 불허하는 문제 해결 능력을 발휘해 오만 가지 어획 수법을 발명했다. 특정한 바다와 날씨에 맞게 선박을 개량했으며, 단순한 지도는 말할 것도 없고 아무리 사나운 바다에서조차 정확도를 유지하는 해상 크로노미터에 이르는 여러 항해 장비를 고안했다.

해양 생물의 핫 스폿이 어디 생길지 예측하는 작업은 나이 든 어부의 기억에 의존할 수도 있고 첨단 음향탐지기를 동원할 수도 있다. 우리는 어류를 쫓아다니는 과정에서 물속으로 끌고 다니는 그물, 해류를 타고 떠다니는 그물, 어류 떼를 에워싸 몰아넣는 그물, 바다 위에서 던지는 그물, 밑에 가라앉은 채 해저를 긁어내는 그물을 개발했다. 바다 전체의 깊이를 측량해 숨은 해구와 대류붕의 위치를 파악한 덕에 어느 길목에서 기다려야 할지도 안다. 우리의 보트, 카누, 선박은 몇 달씩 바다에 떠 있으면서 수 킬로미터에 걸쳐 그물 벽을 치고는 그물질 한 번에 수백 톤의 어류를 잡는다.

우리는 고기잡이의 명수가 됐다. 그 과정은 점진적이지 않았으며 고래잡이와 우림 파괴가 그랬듯 급작스러웠다. 기하급수적 성장은 문화적 진화의 특징이다. 발명은 누적된다. 경유 엔진, GPS, 음향탐지기의 조합은 각각의 기회를 단순히 합치는 것이 아니라 곱하는 셈이다. 하지만 어류의 번식능력에는 한계가 있다. 이 때문에 우리는 여러 연안에서 남획을 저질렀다.

난바다에서 어류 개체군 전체를 잡는 것은 무모한 행위다. 바다의 먹이사슬은 육지와 사뭇 다르게 작동한다. 육지의 먹이사슬은 풀에서 뿔말, 사자까지 3단계만 거치기도 한다. 이에 반해 바다의 먹이사슬은 넷, 다섯, 그 이상을 거칠 수도 있다. 미세한 식물플랑크톤은 맨눈에 보일락 말락 하는 동물플랑크톤의 먹이가 되고 동물플랑크톤은 치어의 먹이가 되고 치어는 점점 큰 어류의 먹이가 된다. 이렇게 확장된 사슬을 우리는 먹이공에서 목격한다. 이는 자족적이고 자율적이다.

중간 크기의 어류 한 종이 우리의 식성 때문에 사라지면 먹이사슬에서 그 아래 있는 것은 수가 너무 많아지지만 그 위에 있는 것은 굶어 죽을 수도 있다. 대형 어류가 플랑크톤을 직접 먹을 수는 없기 때문이다. 생명이 절묘한 균형을 이루며 일순간 분출되는 핫 스폿은 갈수록 드물어진다. 해수면 근처의 영양물질은 아래로 내려가 암흑의 밑바닥에 머무는데, 이는 수천 년간 해수면 생태계에 순손실로 작용한다. 핫 스폿이 줄기 시작하면 난바다도 죽기 시작한다.

사실 어업 효율성의 증가는 인구 증가의 불가피한 결과였다. 해마다 먹여 살릴 입이 늘어날 뿐 아니라 잡을 어류가 줄어들기 때문이다. 우리가 실제로 기억하는 과거보다 조금만 더 거슬러 올라가 19세기와 20세기 초의 기록과 보도를 들여다보면 바다는 지금과 전혀 달랐다. 옛 사진에서는 사람 허벅지까지 연어가 바글거린다. 뉴잉글랜드의 보도에 따르면 어류 떼가 어쩌나 크고 해안에 가까웠던지 현지인이 포크를 들고 물속을 첨벙거리며 물고기를 잡았다.

스코틀랜드에서는 어부가 낚싯바늘 400개가 달린 낚싯줄을 끌어당겼는데, 거의 모든 낚싯바늘에 넙치가 걸렸다.[16] 오래지 않은 과거의 선조는 낚시와 면사 그물 같은 단순한 도구만 가지고 어류를 잡았다. 이제 우리는 그들이 상상조차 못 한 기술을 가지고도 변변한 먹을거리를 잡는 데 애를 먹는다.

오늘날 바다는 어류가 줄었다. 우리가 이 사실을 실감하지 못하는 것은 **기준선 이동 증후군**이라는 현상 때문이다. 각 세대는 자신이 경험하는 것을 정상으로 규정한다. 우리는 과거의 어류 개체 수를 알지 못하기에 오늘날 우리가 아는 개체 수를 가지고 바다의 생산량을 판단한다. 우리가 바다에서 기대하는 것이 점점 줄어드는 이유는 바다가 한때 어떤 풍요를 선사했고 다시 선사할 수 있는지 전혀 알지 못하기 때문이다.

***

해양 생태계는 얕은 바다에서도 무너지고 있다. 1998년 〈아름다운 바다〉 촬영 팀은 당시에만 해도 널리 알려지지 않은 사건을 목격했다. 산호초가 원래의 고운 색상을 잃은 채 허예졌다. 산호의 새하얀 가지, 털, 잎은 정교한 대리석 조각을 닮았으므로 이 광경을 처음 본다면 아름답다고 생각할지도 모르겠지만 이것이 실은 비극임을 금세 깨닫게 된다. 당신이 보는 것은 백골(죽은 생물의 유해)이다.

산호초는 해파리와 근연종인 폴립이라는 작은 동물로 이뤄졌다. 폴립은 몸 구조가 줄기처럼 단순하게 생겼는데, 안에는 위장이 들었고 꼭대기에는 입 주위로 고리 모양의 촉수가 나 있다. 지나가는 미세한 먹잇감에 촉수의 자세포를 찔러 자신의 입속에 집어넣은 다음 입을 닫고 소화한 뒤에야 다음 식사를 위해 입을 연다. 이 산호 폴립은 연한 몸을 배고픈 포식자로부터 보호하려 탄산칼슘 벽을 만들고 이는 결국 커다란 돌 구조물이 되는데, 종마다 건축적 형태가 다르다. 폴립은 함께 자라 거대한 산호초를 이룬다. 가장 큰 산호초인 오스트레일리아 북동부의 그레이트배리어리프는 우주에서도 보인다.

산호초를 찾아가는 것은 뭍에서 야생 생물을 만나는 것과 근본적으로 다르다. 처음으로 바다에 잠수하는 순간 당신은 더는 중력의 포로가 아니다. 오리발을 까딱하기만 하면 어느 방향으로든 움직일 수 있다. 아래로는 공중에서 내려다본 도시처럼 거대하고 다채로운 색색의 산호가 넓게 펼쳐져 바닷물의 푸른색과 어우러진다.

산호초를 눈여겨보면 더없이 특이한 성격의 등장인물(색색의 어류, 작은 문어, 말미잘, 바닷가재, 게, 투명한 새우 등 존재하는 줄도 몰랐을 온갖 생물)이 눈에 들어온다. 모두가 환상적으로 아름다우며 당신의 바로 곁에 있는 것을 제외하면 아무도 당신의 존재에 개의치 않는다. 당신은 경이감에 휩싸인 채 그 장관을 내려다본다. 가만히 쳐다보고 있으면 그들이 당신에게 다가와 심지어 장갑에 입질을 할지도 모른다.

산호초는 생물 다양성 면에서 우림과 맞먹는다. 우림과 마찬가지로 3차원으로 존재하며 밀림과 같은 풍성한 기회를 생명에 선사한다. 하지만 산호초 주민은 훨씬 화려하고 선명하다. 나처럼 우림에서 몇 주를 보내고 나면 초록의 음영이 아니라 색상을 경험하기 위해서라도 앵무새와 꽃을 찾게 되지만, 산호초에서는 작은 어류, 새우, 성게, 해면, 껍데기 대신 촉수로 몸을 가린 나새류('바다민달팽이sea-slug'라는 영어 명칭은 명예훼손감이다)로 이뤄진 무리 전체가 마치 상상력 풍부한 초등학생이 분홍색, 주황색, 자주색, 빨간색, 노란색으로 칠한 것처럼 다채로운 색상을 뽐낸다.

산호의 색상은 폴립 때문이 아니라 조직 안에서 사는 갈충말zooxanthellae이라는 공생 조류藻類(이 책에서 '조류'는 물속 식물을 일컫는다. 새를 일컫는 조류는 '새무리'로 번역했다_옮긴이) 때문이다. 갈충말은 여느 식물처럼 광합성을 한다. 따라서 산호 폴립과 조류 세입자가 손을 잡으면 동물의 이점과 식물의 이점을 둘 다 누릴 수 있다. 산호가 햇볕을 쬐는 낮에는 조류가 햇빛으로 당을 만들어 폴립에 공급하는데, 이는 에너지 수요의 90퍼센트에 이른다. 밤이 되면 폴립은 먹잇감을 사냥한다. 조류 동반자는 이 먹이로부터 자신에게 필요한 영양소를 끄집어내며 폴립은 군집이 계속 햇빛을 받도록 탄산칼슘 벽을 위쪽과 바깥쪽으로 넓힌다. 영양물질이 빈약한 따뜻하고 얕은 바다를 생명의 오아시스로 탈바꿈시킨 것은 이 호혜적 관계다. 하지만 이 관계는 아슬아슬하게 균형을 이룬다.

〈아름다운 바다〉 촬영 팀이 맞닥뜨린 백화현상의 원인은 스트레스를 받은 산호가 조류를 내보내 새하얀 탄산칼슘 뼈대가 노출된 탓이었다. 조류가 떠나면 폴립은 시든다. 바닷말이 자리를 차지해 산호 뼈대를 옥죄며 산호초는 환상의 국가에서 삽시간에

황무지로 바뀐다.

백화현상의 원인은 처음에는 수수께끼였다. 바다가 급속히 온난화되는 곳에서 백화현상이 주로 일어남을 과학자가 발견하기까지는 시간이 꽤 걸렸다. 기후학에서는 우리가 화석연료를 계속 태워 이산화탄소를 비롯한 온실가스를 대기 중에 배출하면 지구가 점점 더워질 거라고 이미 경고한 바 있다. 온실가스는 태양에너지를 지표면 근처에 붙잡아 온실효과라는 현상을 통해 지구를 데운다.

대기 중 탄소 농도의 급격한 변화는 지구 역사에서 일어난 다섯 차례 대멸종의 한결같은 특징이었으며 가장 전면적인 멸종인 2억 5,200만 년 전 페름기 대멸종의 주요인이었다. 변화의 정확한 원인에 대해서는 논란의 여지가 있지만,[17] 지구 역사를 통틀어 가장 오래고 광범위한 화산활동 중 하나가 100만 년에 걸쳐 점차 활발해지면서 오늘날의 시베리아에 해당하는 200만 제곱킬로미터 면적을 용암으로 덮었음은 잘 알려졌다. 용암은 기존 암석을 뚫고 거대한 석탄층에 닿았으며, 이 석탄층에 불을 댕겨 막대한 이산화탄소를 대기 중에 방출해 지구 기온을 오늘날 평균보다 6도 높이고 바다 전체를 산성화했다.

바다가 데워지면서 해수가 더 산성화되고 산호와 상당수 식물 플랑크톤처럼 탄산칼슘을 쓰는 해양 생물이 말 그대로 분해되면서 모든 해양생태계가 스트레스를 받았다. 이런 상황에서 생태계 전체의 붕괴는 필연적이었다. 지구에 서식하는 해양 생물종의 96퍼센트가 사라졌다.

〈아름다운 바다〉를 촬영하던 1990년대에 이와 비슷한 바다 사망의 1단계가 진행됐다. 이는 우리가 생물을 어마어마한 규모로 멸종시킬 능력을 가졌음을 보여 주는 무시무시한 증거다. 게다가 우리는 바닷속에 가지 않고도 바다를 파괴했다. 우림을 파괴하는 것과는 달랐다. 나무를 없애는 데는 고된 노동이 필요했지만 바다에서는 전 세계의 머나먼 생태계를 직접 찾아가지 않고도 피해를 입힐 수 있다. 수천 킬로미터 떨어진 곳에서의 인간 활동으로 해수의 온도와 화학 조성이 달라지기 때문이다.

페름기에 전례 없는 화산활동 때문에 해수가 중독되기까지는 100만 년이 걸렸다. 그런데 우리는 200년도 지나지 않아 이 현상을 일으켰다. 화석연료를 태우면 선사시대 식물이 수백만 년간 거둔 이산화탄소가 수십 년 만에 대기 중에 방출된다. 이토록 급격한 대기 중 이산화탄소 증가를 생명 세계가 감당할 수 있었던 적은 한 번도 없다. 석탄, 석유, 가스에 대한 우리의 탐닉은 무해하고 평탄하게 유지되던 환경을 기울여 대멸종 비슷한 사태로 몰아갔다.

그럼에도 1990년대까지는 바다가 재앙을 맞닥뜨렸다는 증거가 희박했다. 해수 온도가 올라가기는 했지만 지구 기온은 비교적 일정했다. 여기서 도출된 결론은 충격적이었다. 기온이 달라지

지 않은 것은 해수 자체가 지구온난화로 인한 여분의 열을 대부
분 흡수했기 때문이며 이 때문에 우리가 일으킨 막대한 영향이 드
러나지 않았다는 것이다. 조만간 세상이 멈춘다. 허예진 산호는
탄광의 카나리아처럼 폭발이 임박했음을 우리에게 경고했다. 내
게 이것은 지구가 균형을 잃는다는 최초의 분명한 신호였다.

〈프로즌 플래닛〉에서 게잡이물범 무리를 염탐하는 범고래

©캐스린 제프스/naturepl.com

2011년

세계 인구 70억 명
대기 중 탄소 농도 391피피엠
남은 야생지 39퍼센트

지구의 양쪽 끝인 남극과 북극의 거대한 황무지. 내가 참여한 다음번 대규모 시리즈인 〈프로즌 플래닛Frozen Planet〉의 주제였다. 이미 2011년에 세계는 내가 태어났을 때보다 평균 0.8도 더워졌다. 지난 1만 년을 통틀어 가장 빠른 온도 변화다.

　나는 수십 년에 걸쳐 극지방을 여러 번 방문했다. 그곳은 지구상의 어느 곳과도 다른 풍경이며 극단적 가능성의 삶에 적응한 종의 보금자리다. 하지만 그 세계가 달라졌다. 우리는 북극의 여름이 길어졌음을 알아차렸다. 해빙기는 일찍 찾아왔고 결빙기는 늦게 찾아왔다. 드넓은 바다얼음을 기대하며 현장에 도착한 촬영팀을 기다린 것은 드넓은 바닷물이었다. 몇 년 전만 해도 1년 내내 바다얼음에 둘러싸였던 섬에 이제는 배로 접근할 수 있다. 위성사진에 따르면 북극의 여름 바다얼음 면적은 30년 만에 30퍼센트 줄었다. 세계 여러 지역에서 빙하가 기록적인 속도로 후퇴했다.[18]

여름 해빙도 가속화됐다. 기온이 높아지고 떠다니는 얼음 가장자리가 바닷물과 맞닿은 탓에 얼음이 더 빨리 녹는다. 얼음이 녹으면서 지구 양 끝의 흰색이 줄어든다. 짙은 색 바다는 태양열을 더 많이 흡수해 양의 되먹임을 일으키고 해빙을 더욱 앞당긴다. 지구가 지금만큼 더웠던 마지막 시기에는 얼음이 훨씬 적었다. 해빙은 느림보여서 뒤늦게 시작된다. 하지만 일단 시작되면 멈추는 것은 불가능하다.

지구는 얼음이 필요하다. 조류는 바다얼음 아랫면에서 자라며, 얼음을 통과하는 햇빛을 받아들여 살아간다. 이 조류는 무척추동물과 작은 어류의 먹이가 된다. 무척추동물과 작은 어류는 남북극을 비롯해 전 세계의 가장 비옥한 바다에서 먹이사슬의 토대이며 고래, 물범, 곰 그리고 펭귄을 비롯한 많은 바닷새를 먹여 살린다. 우리도 이 쌀쌀한 풍요의 혜택을 입는다. 남북극에서 잡혀 세계로 팔려 나가는 어류는 해마다 수백만 톤에 이른다.

극지방의 여름이 더워지면 바다얼음이 없는 기간이 길어진다. 북극 바다얼음을 터전 삼아 물범을 사냥하는 북극곰에는 치명적이다. 여름 내 북극곰은 몸에 저장된 지방으로 연명하며 북극 해안을 느릿느릿 거닐면서 얼음이 돌아오길 기다린다. 얼음이 없는 시기가 길어지면서 과학자는 우려스러운 추세를 감지했다. 임신한 암컷 북극곰의 지방이 바닥나자 태어나는 새끼가 작아졌다. 여름이 조금만 더 길어져도 그해에 태어난 새끼가 첫 북극 겨울을 넘기지 못할 가능성이 다분하다. 그러면 북극곰 개체군이 통째로 무너진다.

자연의 복잡한 계에는 이런 **티핑 포인트**가 얼마든지 있다. 경고 없이 문턱값에 닿는 경우가 허다하다. 급격히 변화한 환경은 새롭게 달라진 상태에서 안정된다. 방향을 바꾸는 것은 불가능할 수도 있다. 이미 너무 많은 것이 사라지고 너무 많은 요소가 불안정해졌을지도 모르기 때문이다. 이런 재난을 피하려면 새끼 북극곰의 몸집이 작아지는 것 같은 경고신호에 주목해 그 의미를 알아차리고 재빨리 행동해야 한다.

북극해의 러시아 연안에서는 또 다른 신호가 포착된다. 바다코끼리의 주된 먹이는 북극해 밑바닥의 특정 지역에서 자라는 백합이다. 바다코끼리는 사냥철이 지나면 바다얼음에 올라가 휴식을 취한다. 하지만 이젠 휴식처가 녹아 버려 먼 해안까지 헤엄쳐야 한다. 적당한 장소는 몇 군데에 불과하다. 이 때문에 태평양 바다코끼리 개체군의 3분의 2인 수만 마리가 해변 한 곳에 모인다. 수많은 개체가 부대끼니 몇몇은 비탈을 기어올라 절벽 꼭대기에 자리 잡는다. 바다코끼리는 물 밖에서 시력이 형편없지만 절벽 아래 바닷물의 냄새는 확실히 맡는다. 그래서 가장 짧은 거리로 물에 가려 한다. 3톤이나 나가는 바다코끼리가 추락해 목숨을 잃는 광경은 쉽게 잊히지 않는다. 뭔가 파국적으로 잘못됐다는 사실은 자연주의자가 아니라도 알 수 있다.

〈우리의 지구Our Planet〉에서
러시아 북극권의 시베리아 해안에 모인 태평양바다코끼리

©소피 랜피어

2020년

세계 인구 78억 명
대기 중 탄소 농도 415피피엠
남은 야생지 35퍼센트

이제 우리의 영향은 그야말로 지구적이다. 우리는 지구를 무턱대고 공격한 탓에 생명 세계의 토대 자체를 바꾸고 있다. 2020년 지구의 상태는 아래와 같다.[19]

우리는 바다에서 해마다 8,000만 톤 이상의 해산물을 잡았으며 어종의 30퍼센트가 심각한 수준의 개체 수 감소를 겪었다.[20] 대형 해수어는 거의 전부 사라졌다. 전 세계에서 얕은 바다 산호의 절반가량이 없어졌으며 대규모 백화현상이 거의 해마다 일어난다.

연안 개발과 양식업 때문에 맹그로브숲과 해초지 면적이 30퍼센트 이상 줄었다. 해수면에서 깊디깊은 해구에 이르기까지 바다 전역에서 플라스틱 조각이 발견된다. 표층수가 해류를 타고 모여드는 태평양 북부에서는 1조 8,000억 개의 플라스틱 조각으로 이뤄진 흉측한 쓰레기 섬이 떠다닌다. 다른 환류 수역에서도 쓰레기 섬 네 곳이 형성됐다.

플라스틱은 바다 먹이사슬에 침투하며 바닷새의 90퍼센트 이상이 위장에 플라스틱 조각이 들었다. 알다브라섬은 방문이 거의 허용되지 않는 자연보호구역이다. 〈살아 있는 지구The Living Planet〉를 제작하기 위해 1983년 알다브라섬을 찾았을 때 해변에 떠내려 온 것 중에서 눈에 띄는 것이라고는 커다란 겹야자 열매밖에 없었다. 하지만 또 다른 촬영 팀이 섬을 방문했을 때는 해변 전역에 인간의 쓰레기가 널렸다. 한 세기 넘도록 섬에서 살아온 코끼리거북은 이제 플라스틱 병, 기름 깡통, 양동이, 나일론 그물, 고무 위를 기어다녀야 한다.

지구의 모든 해변에서 쓰레기를 찾아볼 수 있다.

민물도 위험에 처했다. 5만여 개의 대형 댐 때문에 전 세계의 거의 모든 큰 강에서 물이 자유롭게 흐르지 못한다. 댐이 들어서면 수온이 달라져 어류의 회유(어류가 알을 낳거나 먹이를 찾기 위해 계절적으로 이동하는 것_옮긴이)나 번식 행태가 급격히 바뀔 수 있다.

우리는 강을 쓰레기 매립지로만 쓰는 것이 아니다. 우리가 뿌린 비료, 농약, 공업 화학물질도 땅에 스며 결국 강으로 흘러든다. 많은 강이 지구상에서 가장 오염된 장소가 됐다. 우리는 이 물을 농업용수로 쓰는데, 이 때문에 수량이 너무 줄어 일부 강은 일정 기간 바다에 전혀 흘러들지 않기도 한다. 수많은 범람원과 강어귀에서 건설이 이뤄지고 습지가 간척된 탓에 이런 지역의 전체 면적은 내가 태어났을 때에 비해 절반으로 줄었다.

우리가 민물을 파괴하는 바람에 이곳에 서식하는 동식물의 개체 수가 어느 서식처보다 심각하게 줄었다. 우리는 민물에 서식하는 동물의 개체 수를 전 세계적으로 80퍼센트 이상 줄였다. 이를테면 동남아시아 메콩강은 전 세계 담수의 4분의 1을 공급하며 6,000만 명에게 귀한 단백질 공급원이다. 하지만 댐, 과잉 채굴, 오염, 남획이 겹치면서 어획량뿐 아니라 어류의 크기도 해마다 줄었다. 일부 어부는 뭐라도 잡기 위해 그물 대신 모기장을 던져야 했다.

현재 우리는 해마다 150억 그루 이상의 나무를 벤다. 전 세계 우림은 이미 절반으로 줄었다. 지속적 숲 파괴의 최대 요인은 쇠고기 생산으로, 2~4위 요인을 합친 것의 두 배나 된다. 브라질만 해도 영국의 일곱 배나 되는 1억 7,000만 헥타르의 목초지에서 소를 기른다. 이 면적은 대부분 우림이었다. 두 번째 요인은 콩이다. 콩 재배 면적은 1억 3,100만 헥타르에 이르며 상당 부분은 남아메리카에 있다. 이 콩의 70퍼센트 이상이 가축의 사료로 쓰인다. 3위는 2,100만 헥타르인 기름야자 농장으로, 대부분 동남아시아에 있다.[21]

그나마 남은 숲은 도로, 밭, 대농장에 의해 조각났다. 숲의 70퍼센트는 임의의 지점에서 가장자리까지의 거리가 1킬로미터 미만이다. 깊고 어둑어둑한 숲은 거의 남지 않았다.

전 세계 곤충 개체 수는 고작 30년 만에 4분의 1이 줄었다.

농약을 대량으로 살포하는 곳에서는 감소율이 훨씬 크다. 한 연구에 따르면 독일에서는 날벌레 생물량의 75퍼센트가 사라졌고 푸에르토리코에서는 나무 꼭대기에 서식하는 곤충과 거미 생물량의 90퍼센트 가까이가 자취를 감췄다. 곤충은 생물종을 통틀어 가장 다양한 분류군이다. 상당수는 수많은 먹이사슬의 필수 고리인 꽃가루받이 생물이며 나머지 중 일부는 포식자로서 초식 곤충이 충해를 일으키지 못하도록 개체 수를 억제하는 데 주된 역할을 한다.[22]

지구상의 경작 가능지 중 절반은 이미 경작된다. 이 땅은 혹사당하는 경우가 많다. 우리는 질산염과 인산염을 지나치게 뿌리고, 가축을 과도하게 방목하고, 땅을 불사르고, 지속 가능하지 않을 만큼 다양한 작물을 기르고, 농약을 살포해 흙을 살리는 토양 무척추동물을 죽인다. 많은 토양이 겉흙을 잃으며 벌레, 특수한 세균, 수많은 미소 유기체로 가득한 풍요로운 생태계가 메마른 맨땅으로 바뀐다. 포장도로에서처럼 빗물이 땅에 스미지 않고 흘러 홍수가 커지는 탓에 산업적 영농을 실시하는 많은 국가의 중심지가 빈번히 물에 잠긴다.

오늘날 조류 생물량의 70퍼센트는 인간이 기른다. 그중 절대다수는 닭이다. 인간은 해마다 500억 마리의 닭을 잡아먹는다. 지금 이 순간에도 23억 마리의 닭을 기른다. 이 중 상당수는 숲을 개간한 땅에서 재배한 콩 위주의 사료를 먹는다.

〈우리의 지구를 위하여〉에서 체르노빌을 찾은 데이비드

©조 페러데이

더더욱 충격적이게도 지구상의 포유류 생물량 중 96퍼센트는 우리 몸과 우리가 식용으로 기르는 동물의 몸이다. 우리는 전체 생물량의 3분의 1을 차지한다. 소, 돼지, 양을 비롯해 우리가 기르는 가축은 60퍼센트를 살짝 웃돈다. 생쥐에서 코끼리와 고래에 이르는 나머지 야생동물은 전부 합쳐도 4퍼센트에 불과하다.[23]

✳✳✳

1950년대 이후 야생동물 개체군은 평균적으로 절반 이상 줄었다. 이제 와서 나의 예전 영상을 돌아보면 야생의 태곳적 자연을 거닌다는 느낌이 환각이었음을 절감한다. 그 숲과 들판과 바다는 그때 이미 비어 가고 있었다. 상당수 대형동물은 이미 희귀종이었다. 기준선이 이동한 탓에 지구상의 모든 생명에 대한 우리의 인식이 왜곡됐던 것이다. 며칠을 걸어야 통과할 수 있는 온대림, 네 시간이 지나야 눈앞을 지나치는 들소 무리, 하늘을 어둡게 가릴 만큼 넓고 빽빽한 새 떼가 한때 있었다는 사실을 우리는 잊었다. 그것들은 몇 세대 전만 해도 정상이었지만 이제는 그렇지 않다. 우리는 앙상한 지구에 익숙해졌다.

우리는 야생의 자연을 길들여진 자연으로 대체했다. 우리는 지구를 **우리**의 행성으로, 인간이 인간을 위해 운영하는 곳으로 여긴다. 나머지 생명 세계를 위한 자리는 거의 남지 않았다. 인간 아닌 생명의 진정한 야생은 사라졌다. 우리는 지구가 감당할 수 있는 한계를 넘어섰다.

지난 몇 년간 나는 국제연합에서, 국제통화기금에서, 세계경제포럼에서, 런던의 금융계에서, 글래스턴베리의 축제에서 기회 있을 때마다 이 문제를 언급했다. 나는 이 투쟁에 몸담고 싶지 않다. 이 투쟁이 애초에 필요하지 않았으면 좋겠다. 하지만 나는 삶에서 믿을 수 없는 행운을 누렸다. 위험을 알면서도 외면하면 틀림없이 크나큰 죄책감을 느낄 것이다.

나의 생전에 인간이 지구에 저지른 끔찍한 짓을 되새겨야 한다. 물론 태양은 매일 아침 떠오르고 신문은 우편함에 떨어지고 세상은 여전히 잘 굴러가는 것처럼 보인다. 하지만 하루가 멀다 하고 이런 생각이 든다. 프리피야티의 가련한 이들이 그랬듯 우리도 몽유병자처럼 재난을 향해 걷는 걸까?

2부

전망:

지구에서 생길 일들

우리가 계속 지금처럼 살아간다면 90년 뒤에 무엇을 목격할지 두렵다. 여러 과학 연구에 따르면[1] 생명 세계는 균형을 잃고 무너지기 직전이다. 실제로 이 추세는 이미 시작됐으며 점점 빨라질 것으로 예상된다. 몰락의 효과가 누적되면 규모와 영향이 더욱 커진다. 우리가 의지하는 모든 것, 지구환경이 언제나 공짜로 베푼 모든 혜택이 휘청거리거나 완전히 무너질지도 모른다.

예견되는 재앙은 체르노빌이나 우리가 지금껏 경험한 그 무엇에 비해서도 헤아릴 수 없을 만큼 파괴적일 것이다. 훨씬 넓은 땅이 물에 잠기고 허리케인과 여름 산불은 더 거세진다. 그 시기를 살아가는 모든 사람과 이후 세대의 삶의 질이 돌이킬 수 없이 추락한다. 지구적 생태계 붕괴가 마침내 안정되고 우리가 새로운 평형에 닿으면 인간은 영영 앙상한 행성에서 살지도 모른다.

주류 환경 과학에서 예측하는 재앙의 어마어마한 규모는 현재 우리가 지구를 다루는 방식의 직접적 결과다. 전후 1950년대를 시작으로 인간은 **대가속**이라는 시대에 들어섰다. 수많은 지표에 나타난 영향과 변화의 수치는 시간축 그래프에서 놀랍도록 일관된 패턴을 보인다. 인간 활동의 추세는 **GDP**, 에너지 이용량, 물 이용량, 댐 건설, 통신 보급, 여행, 경작지 확대 등으로 표현할 수 있다.

환경 변화는 대기 중 이산화탄소나 아산화질소, 메테인의 농도 증가, 지표 기온, **해수 산성화**, 어류 개체 수 감소, 열대림 감소 등을 측정해 분석할 수 있다. 하지만 무엇을 측정하든 그래프 위의 선은 별반 다르지 않을 것이다. 20세기 중엽부터 상승 추세가 급격히 가속돼 가파른 산비탈이나 하키 스틱 모양을 나타낼 것이다. 어느 그래프를 봐도 마찬가지다. 이 고삐 풀린 성장은 우리의 현재 상황을 보여 주는 단면이다. 이는 내가 지구에서 목격한 역사적 시기의 보편적 모형이자 내가 언급하는 모든 변화의 근본적 설명이다. 나의 증언은 대가속의 일인칭 서술이다.

이 모든 그래프와 번번이 반복되는 하나의 선을 바라보면 궁금증 하나가 머릿속에 뚜렷이 떠오른다. 이것이 어떻게 계속될 수 있지? 물론 답은 그럴 수 없다는 것이다. 미생물학자는 똑같은 형태로 시작되는 생장 그래프가 어떻게 끝나는지 안다. 살균·밀봉한 접시에 배지(식물이나 세균, 배양세포 따위를 기르는 데 필요한 영양소가 든 액체나 고체_옮긴이)를 깔고 세균 몇 마리를 넣어 경쟁이 없고 영양분이 풍부한 이상적 환경을 만들면 세균은 일정 기간 새 환경에 적응하는데, 이 시기를 **잠복기**라 한다. 잠복기는 한 시간 만에 끝날 수도 있고 며칠 계속될 수도 있지만, 어느 시점엔가 갑 작스럽게 끝난다.

세균은 접시의 조건을 어떻게 쓸 것인가의 문제를 해결하고 분열을 통한 증식에 돌입해 20분마다 개체 수를 두 배로 늘린다. 이렇게 **성장기**가 시작되면 기하급수적 성장이 벌어져 세균이 분 열하면서 배지 표면 전체에 급속히 퍼진다. 낱낱의 세균은 자리를 잡고 자신에 필요한 것을 움켜쥔다. 생태학에서는 모든 세균이 제 한 몸 건사하려 투쟁하는 상황을 '난장판 경쟁scramble competition' 이라고 부른다! 유한하고 밀폐된 접시 같은 닫힌계에서는 이런 경 쟁이 곱게 끝나지 않는다.

세균이 급속도로 증식해 한계에 닿으면 각 세포가 한꺼번에 서로 짐이 되기 시작한다. 세균 아래의 양분이 바닥나기 시작한다. 배출 가스, 열, 노폐물이 쌓이며 오염의 속도는 점차 빨라진다. 세 포가 죽기 시작하면서 개체군 성장률이 처음으로 주춤한다. 환경 이 열악해진 탓에 이 죽음 또한 기하급수적으로 일어나며 머지않 아 사망률과 출생률이 같아진다. 그 시점이 되면 정점에 이른 개 체 수가 한동안 정체할 수도 있다. 하지만 유한한 세계에서는 이 상태가 영원히 이어질 수 없다. **지속 가능**하지 않다. 사방에서 먹 이가 동나기 시작하고, 모여든 노폐물이 접시 곳곳에서 치명적으로 작용하며, 집락(배지에서 미생물이 증식해 생긴 집단_옮긴이)은 탄생할 때만큼 빠르게 무너진다. 결국 밀봉된 접시는 매우 다른 장소가 된다. 먹이가 전혀 없는, 황폐하고 뜨겁고 산성이고 유독한 환경으로 바뀐다.

대가속이 시작되면 우리의 활동과 온갖 영향 지표는 성장기에 들어선다. 수십만 년의 잠복기를 거친 뒤 우리 인간은 20세기 중엽 지구상에서 살아가기 위한 현실적 문제를 해결한 것처럼 보인다. 이는 산업 시대의 부상에 따른 필연적 결과였을 것이다. 그 덕에 새로운 동력원과 기계를 가지고 개개인의 능력을 배가할 수 있었으니 말이다. 하지만 결정적 계기는 2차 세계대전의 종전이었다.

2차 세계대전으로 의학, 공학, 과학, 통신이 획기적으로 발전했다. 또한 전후에 국제연합, 세계은행, 유럽연합을 비롯한 여러 초국적 기구가 결성됐는데, 이 모든 기구의 목표는 세계를 통합하고 지구촌 사회가 협력하도록 하는 것이었다. 이런 기구의 활약으로 비교적 평화로운 시기가 전례 없이 지속되는 이른바 '대평화'가 시작됐다. 그 덕에 우리는 자유를 한껏 누리며 모든 성장 기회를 가속화할 수 있었다.

대가속 곡선은 진보의 외양을 띤다. 대가속이 지배하는 중에 대다수 인구에게는 평균 기대 수명, 전 세계 문해력과 교육 수준, 보건, 인권, 1인당 소득, 민주주의 같은 인류 발전의 척도가 비약적으로 상승했다. 내가 방송인으로서 경력을 쌓을 수 있었던 것 또한 대가속으로 인한 교통과 통신의 발전 덕이다.

지난 70년간 우리는 모든 활동 분야에서 경이로운 팽창을 성취했으며 이를 통해 우리는 희망하던 많은 것을 얻었다. 하지만 이 모든 이익에는 비용이 따른다. 세균과 마찬가지로 우리도 배출 가스, 산, 독성 폐기물을 쏟아 낸다. 이 비용도 기하급수적으로 누적된다. 우리의 가속 성장은 영원히 지속될 수 없다. 아폴로 우주선이 보내온 사진에서 똑똑히 알 수 있듯 지구는 밀봉된 세균 집락 접시와 마찬가지로 닫힌계다. 우리는 지구가 얼마나 더 감당할 수 있는지 지금 당장 알아야 한다.

가장 중요한 몇몇 과학 분야에서는 앞의 질문에 답하기 위해 자연을 지구적 규모에서 들여다보았다. 요한 록스트롬과 윌 스테펀이 이끄는 선도적 **지구 시스템** 연구진은 지구를 아우르는 생태계의 복원력을 조사했다.[2] 그들은 홀로세 동안 각 생태계가 이토록 안정적으로 돌아갈 수 있었던 요인을 면밀히 살펴보았으며 각 생태계가 어느 지점에서 붕괴를 시작할 것인지를 모델링 기법으로 시험했다. 사실상 우리 생명 유지 장치의 내부 작동과 내장된 약점을 밝혀낸 것이다. 이 야심찬 프로젝트는 지구의 작동 방식에 대한 우리의 이해를 바꿨다.

연구진은 지구환경에 물리적으로 내장된 아홉 가지 결정적 문턱값, 즉 아홉 가지 **지구 위험 한계선**을 찾아냈다. 우리의 영향이 이 문턱값 안에 머무는 한 우리는 안전한 활동 공간을 차지한 채 지속 가능한 삶을 살아간다. 하지만 우리가 요구 사항을 밀어붙이다가 이 한계선 중 하나라도 넘는 날에는 생명 유지 장치의 안정성이 깨질 수 있다. 그러면 자연은 영구적으로 훼손되고 홀로세의 안전하고 무해한 환경을 유지할 능력을 잃을 것이다.

우리는 지구의 제어실에 들어앉은 채 이 아홉 가지 한계선의 다이얼을 마구 돌린다. 1986년 체르노빌의 불운한 야간조도 그랬다. 원자로에도 내장된 약점과 문턱값이 있었는데, 그중에는 직원이 아는 것도 있었고 모르는 것도 있었다. 직원이 다이얼을 돌린 것은 시스템을 시험하기 위해서였지만, 정작 자신이 어떤 위험을 일으킬 수 있는지는 제대로 이해하지 못했다. 다이얼을 너무 많이 돌려서 문턱값을 넘어서자 연쇄반응이 일어나 원자로가 불안정해졌다. 그 순간 이후로 재앙이 전개되는 것을 막기 위해 그들이 할 수 있는 일은 아무것도 없었다. 복잡하고 취약한 원자로의 붕괴는 예정된 수순이었다.

현재 우리의 활동은 지구를 붕괴로 몰아간다. 아홉 가지 한계선 중 네 가지를 이미 넘었다. 우리는 너무 많은 비료로 지구를 오염시켜 질소-인 순환을 교란한다. 숲, 초원, 습지 같은 자연 서식처를 매우 빨리 밭으로 개간한다. 지구 역사상 어느 시기보다 빠르게 대기 중에 탄소를 쏟아 내며 지구를 너무 빨리 데운다. 생물다양성을 엄청난 속도로 줄인다. 이 속도는 평균의 100배를 웃돌

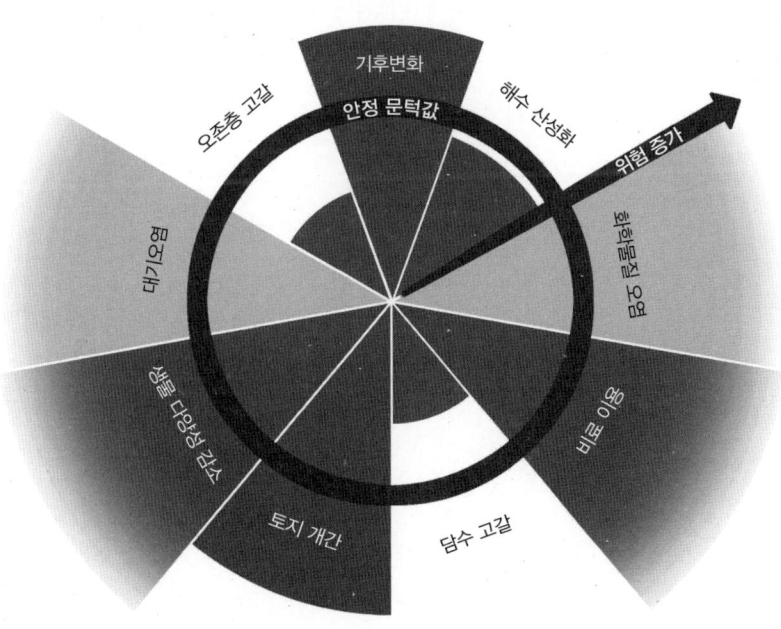

기후변화
안정 문턱값
해수 산성화
오존층 고갈
위험 증가
대기로
생물 다양성 감소
화학물질 오염
토지 개간
질소 순환
담수 고갈

지구 위험 한계선 모형

©메건 스페치

며 이에 필적할 만한 것은 대멸종 사건 당시의 화석 기록뿐이다.[3]

사람들이 기후변화를 주로 거론하는 데는 그럴 만한 이유가 있다. 하지만 분명한 사실은 인간으로 인한 지구온난화가 현재 벌어지는 수많은 위기 중 하나에 불과하다는 것이다. 지구과학 연구에 따르면 오늘 계기판에는 네 개의 경고등이 깜박거린다. 우리는 지구의 안전한 활동 공간을 이미 넘어섰다. 대가속은 여느 폭발과 마찬가지로 부산물을 남길 것이다. 크기가 같고 방향이 반대인 반작용이 생명 세계에서 일어날 것인데, 그것은 **대쇠퇴**라고 불린다.

과학자의 예측에 따르면 내가 생전에 목격한 피해는 향후 수백 년 안에 닥칠 피해에 비하면 새 발의 피일 것이다. 우리가 방향을 바꾸지 않으면 오늘 태어나는 세대는 아래와 같은 것을 목격할 것이다.

2030년대
•

아마존강 유역에서 농지를 더 확보하려는 이들이 수십 년째 숲을 마구잡이로 파괴하고 불법적으로 불을 질러 2030년대가 되면 아마존 우림이 원래 면적의 75퍼센트로 줄어들 전망이다. 그래도 여전히 넓긴 하지만 이것이 아마존의 티핑 포인트가 돼 **숲 고사**forest dieback라는 현상이 촉발된다. 숲 지붕이 줄어들어 숲은 비구름을 형성하기에 충분한 수분을 머금지 못하며, 아마존에서 가장 취약한 지역은 처음에는 계절성 건조림으로 전락했다가 나중에는 광활한 사바나로 바뀐다.

쇠퇴는 자가발전이어서 고사의 증가는 더 많은 고사의 원인이 된다. 따라서 아마존강 유역 전체가 금세 고사해 황폐화되리라 예측된다.[4] 생물 다양성 감소는 재앙이 된다. 전 세계의 (알려진) 생물종에서 10분의 1이 아마존을 보금자리로 삼는다. 이는 수많은 국지적 멸종이 도미노 효과를 촉발해 생태계를 초토화하리라는 뜻이다. 모든 야생 개체군이 심각한 타격을 입으며 각 개체는 먹이와 짝을 찾기가 점점 힘들어진다.

의약품, 새로운 식량, 산업 원료가 될 수도 있었을 종이 우리에게 알려지기도 전에 사라질지도 모른다. 하지만 인간에 미치는 손해는 훨씬 심각하고 실질적이다. 우리는 아마존이 지금껏 제공하던 수많은 환경적 혜택을 잃는다. 나무가 죽으면 뿌리에서 떨어져 나온 흙이 강으로 쓸려 불규칙한 홍수가 더 잦아진다. 300만 명 가까운 원주민을 비롯해 3,000만 명이 강가 보금자리를 떠나야 할지도 모른다. 습도가 달라져 남아메리카 대부분의 지역에서 강수량이 줄고 이 때문에 많은 대도시에서 물 부족 사태가 일어나며 밭은 역설적으로 숲 파괴로 가뭄을 겪는다. 브라질, 페루, 볼리비아, 파라과이에서는 식량 생산이 큰 타격을 입는다.

아마존 최대의 업적은 홀로세를 통틀어 1,000억 톤 이상의 탄소를 나무속에 가둔 것이다. 그러나 새로 생긴 건기마다 산불이 나면 이 탄소가 조금씩 대기 중으로 방출된다. 그와 동시에 숲의 광합성 능력이 줄어 이 지역의 탄소 포집량이 해마다 줄어든다. 대기 중 이산화탄소 농도가 늘어나 지구온난화 속도가 더 빨라진다.

지구 반대편에서는 북극해가 얼음이 하나도 없는 여름을 처음으로 맞는다.[5] 그러면 북극은 개빙 구역(바다얼음으로 덮이지 않고 해수면이 드러난 구역_옮긴이)이 된다. 협곡의 보호를 받으며 여러 해 거듭된 결빙으로 두꺼워진 피오르의 얼음조차 더위를 이기지 못해 사라지기 시작한다. 그다음 얼음 아랫면의 조류 숲이 물속에 풀려 북극해의 먹이사슬 전체가 타격을 받는다.

지구의 얼음이 줄면 해마다 흰색이 줄어 태양에너지가 우주로 반사되는 양이 줄고 지구온난화 속도가 더욱 빨라진다. 북극은 지구를 냉각하는 능력을 잃기 시작한다.

2040년대
•

다음번 대규모 티핑 포인트는 이 급격한 온난화가 일어난 지 몇 년 뒤에 일어날 것으로 예상된다. 북반구의 기후가 온난해짐에 따라 알래스카, 캐나다 북부, 러시아 대다수 지역의 툰드라와 숲 아래의 **영구동토대**가 수십 년에 걸쳐 녹는다.[6] 이 추세는 바다얼음의 후퇴에 비해 감지나 예측이 힘들지만, 훨씬 위험할 가능성이 있다. 홀로세 내내 이 지역은 얼음이 토양의 최대 80퍼센트를 차지했다. 지구가 더워지면 이 비율이 유지되지 않는다.

지표면이 녹았음을 알 수 있는 흔적은 극북에서 물이 빠져나간 뒤 땅이 움푹 꺼진 곳에 새로 생긴 호수와 꼴사나운 구덩이뿐이다. 하지만 2040년대가 되면 툰드라에서 훨씬 폭넓은 붕괴가 일어날 것으로 예상된다.

흙을 붙들던 얼음이 사라지면, 북반구 지표의 4분의 1을 차지하는 면적이 몇 년 안에 진흙탕으로 바뀐다. 수백만 세제곱미터의 흙이 액체 상태로 바뀌어 저지대로 흘러내리면서 대규모 산사태와 홍수가 일어난다. 강 수백 곳의 방향이 달라지고 작은 호수 수천 곳이 말라 버린다. 해안 근처의 호수가 넘쳐 어마어마한 흙탕물이 바다로 흘러든다. 그 지역의 야생 생물은 괴멸적 타격을 입으며 원주민, 어촌, 석유·가스 회사 직원, 운송 및 임업 노동자를 비롯한 주민은 다른 곳으로 이주해야 한다.

하지만 해빙의 결정적 영향은 지구상의 모든 사람에게 미칠 것이다. 영구동토대가 수천 년간 가둔 탄소는 1,400기가톤으로 추산된다. 이는 인간이 지난 200년간 배출한 탄소의 네 배이며 대기 중 탄소의 두 배다. 해빙으로 이 탄소가 여러 해 조금씩 방출되

면 메테인과 이산화탄소의 가스 밸브가 열릴 것이며 우리는 결코
밸브를 다시 잠그지 못한다.

2050년대
·

앞으로 30년간 산불과 해빙이 일어날 때마다 대기 중 탄소 농도
의 증가 속도가 더더욱 빨라진다. 늘 그렇듯 바다의 표층수는 이
탄소의 상당 부분을 흡수한다. 이산화탄소는 물에 녹아 탄산이
되는데, 처음에는 얕은 바다에 머물다 해양대순환의 흐름으로 해
수 기둥 전체에 퍼진다. 2050년대가 되면 바다 전체가 심각하게
산성화돼 파국적 쇠퇴가 촉발될 수 있다.

　해양생태계를 통틀어 가장 다채로운 생태계인 산호초는 산
성화에 특히 취약하다.[7] 오랜 백화현상으로 약해진 상황에서 산
도가 높아지면 산호초의 탄산칼슘 뼈대를 복원하기가 더욱 힘들
어진다. 공기가 데워지고 폭풍우가 거세진 탓에 산호초가 갈기갈
기 찢길 수도 있다. 혹자는 지구상의 산호초 중 90퍼센트가 몇 년
안에 사라지리라 예측한다.

　난바다도 산성화에 취약하기는 마찬가지다. 먹이사슬 밑바
닥에 있는 플랑크톤의 많은 종도 껍질이 탄산칼슘으로 이뤄졌다.
해수의 산도가 점점 높아지면 플랑크톤이 증식해 번성하기 힘들

어진다. 그 때문에 먹이사슬 꼭대기에 이르기까지 어류 개체군이
고통을 겪는다. 굴과 홍합의 채취량이 급감한다. 2050년대가 되
면 그나마 버티던 상업적 어획과 양식이 종말을 맞는다. 50억 인
구의 생존이 직접적 타격을 받으며 인간의 역사 내내 든든한 단백
질 공급원이던 수산물이 식탁에서 사라지기 시작한다.

2080년대
•

2080년대가 되면 전 세계의 육지 식량 생산이 최악의 고비를 맞
는다.[8] 서늘하고 부유한 지역에서는 한 세기간의 집약적 농업으
로 비료를 너무 많이 쓴 탓에 토양의 지력과 생명력이 고갈된다.
주요 작물도 재배가 불가능해진다. 온난하고 가난한 지역에서는
지구온난화 때문에 기온이 높아지고 장마의 주기가 바뀌고 폭우
와 가뭄 때문에 농업이 파탄을 맞는다. 전 세계에서 수백만 톤의
겉흙이 유실돼 강으로 흘러 하류의 도시가 침수된다.

　　농약 사용, 서식처 파괴, 벌 같은 꽃가루받이 곤충의 감소가
지금의 속도로 계속되면 2080년대에는 곤충 종의 감소로 작물의
4분의 3이 타격을 받는다. 꽃가루받이 곤충의 부지런한 노동에 의
존할 수 없으면 견과, 과일, 채소, 씨앗 기름을 더는 수확하지 못
한다.[9]

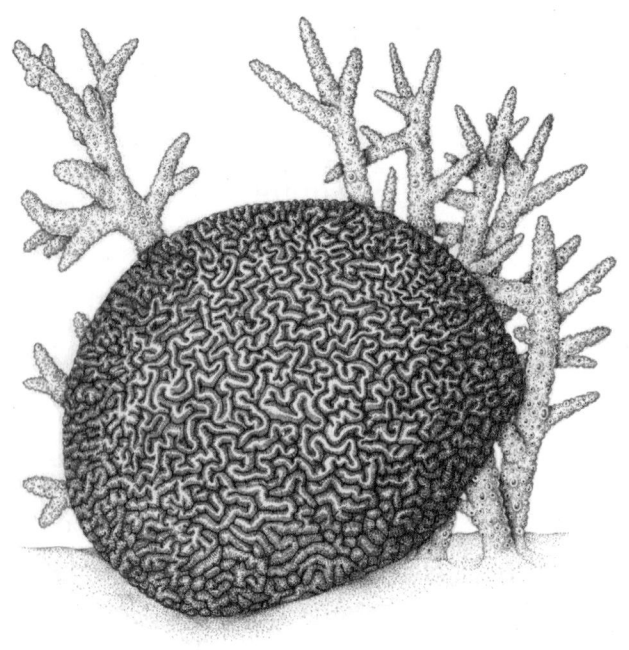

뇌산호(디플로리아 라비린티포르미스 *Diploria Labyrinthiformis*)와
사슴뿔산호(아크로포라 케르비코르니스 *Acropora Cervicornis*)

©리지 하퍼

어느 단계에선가 또 다른 전염병 대유행이 일어나 상황이 악화할지도 모른다. 신종 바이러스의 등장과 지구의 사망 사이에 어떤 연관성이 있는지 우리는 이제야 이해하기 시작했을 뿐이다. 인간에게 위협이 될지도 모르는 170만 종의 바이러스가 포유류와 새무리 속에 숨은 것으로 추산된다.[10] 우리가 숲을 벌목하고 농지를 확대하고 야생동물을 불법적으로 거래해 야생을 계속 파괴할수록 또 다른 전염병 대유행의 가능성이 커진다.

2100년대
•

22세기는 전 세계적 인도주의 위기와 함께 시작된다. 역사상 최대 규모의 강제 이주가 벌어진다.

전 세계 연안 도시는 21세기에 0.9미터의 해수면 상승을 겪을 것으로 예측된다. 바다가 따뜻해지면서 그린란드와 남극 빙상이 녹아 바다 면적이 서서히 넓어지기 때문이다.[11] 이미 50년간 연안 도시 500곳에서 10억 명 이상이 폭풍해일과 싸운 것으로도 모자라 2100년이 되면 해수면이 하도 높아져서 항구를 못 쓰고 고지대가 물에 잠긴다.[12] 로테르담, 호찌민시, 마이애미를 비롯한 여러 도시가 속수무책이 되며 이 때문에 거주가 불가능해진다. 보금자리에서 내몰린 주민은 내륙으로 이주해야 한다.

산꿀벌 일벌(아피스 멜리페라*Apis Mellifera*)

©리지 하퍼

하지만 이보다 심각한 문제가 있다. 이 모든 사건이 앞의 설명대로 전개되면 2100년에 지구의 온도는 4도가 높아진다. 인구의 4분의 1 이상이 평균기온 29도 이상인 지역에서 살아간다. 오늘날 사하라사막에서만 내리쬐는 세기의 뙤약볕을 매일 받으며 살아야 하는 것이다.[13] 이 지역에서는 농업이 불가능해지며 10억 명의 농촌인구가 살 곳을 찾아 떠나야 할지도 모른다. 기후가 여전히 비교적 온화한 지역은 밀려드는 이주민으로 몸살을 앓는다. 전 세계에서 국경이 폐쇄되고 분쟁이 발생한다. 그러는 사이에 여섯 번째 대멸종은 막을 수 없는 일이 된다.

***

현재 예측에 따르면, 오늘 태어난 누군가의 살아생전에 인류는 일련의 일방통행 문으로 지구를 이끌 것이다. 돌이킬 수 없는 변화가 일어나고 우리의 에덴동산인 홀로세의 안정성이 깨진다. 그런 미래에 우리가 맞닥뜨릴 것은 다름 아닌 우리 문명을 떠받치는 토대인 생명 세계의 붕괴다.

이런 일이 일어나기를 바라는 사람은 아무도 없다. 이런 일이 일어나도록 내버려둘 수 있는 사람은 아무도 없다. 하지만 수많은 것이 잘못되는 상황에서 무엇을 해야 할까?

지구 시스템을 연구하는 과학자가 우리에게 해답을 내놓는다. 사실 해답은 매우 간단하다. 그 해답은 내내 우리를 정면으로 들여다보았다. 지구는 밀봉된 접시일지 모르지만 그 안에서는 우리 혼자 살아가는 것이 아니다! 우리는 지구를 생명 세계와 공유한다. 가장 경이로운 생명 유지 장치인 생명 세계는 식량을 공급하고 폐기물을 흡수·재활용하고 피해를 완화하고 지구적 규모에서 균형을 유지하는 솜씨를 수십억 년에 걸쳐 다듬었다.

지구의 생물 다양성이 줄면서 지구의 안정성이 흔들린 것은 결코 우연이 아니다. 두 가지는 서로 연결된다. 따라서 지구의 안정성을 회복하려면 우리가 없애 버린 바로 그 생물 다양성을 복원해야 한다. 이것만이 우리 스스로 만든 위기에서 벗어나는 유일한 방법이다. 세상을 **재야생화**rewild 해야 한다!

3부

지구를 복원하는 방법

야생의 귀환을 뒷받침하고 지구의 안정성을 되돌리려면 어떻게 해야 할까? 더 야생적이고 안정적인 미래라는 대안을 고민하는 이들은 한 가지 점에서 의견이 일치한다. 우리의 여정은 새로운 철학을 길잡이로 삼아야 한다. 아니, 더 정확히 말하자면 옛 철학으로 돌아가야 한다. 농경이 발명되기 전인 홀로세 들머리에는 전 세계를 통틀어 몇백만 명의 인구가 수렵·채집인으로 살아갔다. 그들의 삶은 지속 가능했으며 자연과 균형을 이뤘다. 이는 당시 우리 선조에게 유일한 선택지였다.

농경이 등장하면서 선택지가 늘었으며 자연과의 관계도 달라졌다. 우리에게 야생의 세계는 길들이고 다스리고 써먹어야 할 뭔가로 바뀌었다. 생명을 대하는 이 새로운 접근법이 우리에게 엄청난 이득을 가져다준 것은 의심할 여지가 없지만, 세월이 흐르면서 우리는 균형을 잃었다. 우리는 자연의 일부이던 존재에서 자연과 동떨어진 존재로 바뀌었다.

이 모든 세월이 지난 지금 그 전환을 되돌려야 한다. 지속 가능한 삶의 방식이 다시 한번 유일한 선택지가 됐다. 하지만 현재 인구는 수십 억에 이른다. 수렵·채집 방식으로 돌아갈 수는 없다. 그러고 싶은 사람도 없다. 새로운 종류의 지속 가능한 삶의 방식을 찾아야 한다. 현재 인간 세상이 다시 한번 자연과 균형을 이뤄야 한다. 그래야만 우리가 자초한 생물 다양성 감소가 생물 다양성 증가로 돌아서기 시작한다. 그래야만 세상이 재야생화되고 안정이 돌아올 수 있다.

지속 가능한 미래를 향한 여정의 나침반은 이미 우리 손에 있다. 지구 위험 한계선 모형의 목적은 우리를 올바른 길에서 벗어나지 않도록 하는 것이다. 이 모형은 우리가 당장 멈추고 모든 온실가스 배출에 주목해 기후변화를 되돌리기 시작해야 한다고 말한다. 비료 과잉 살포를 멈춰야 한다. 야생의 땅을 밭과 대농장으로 개간하거나 개발하는 일을 중단하고 자연 상태로 복원해야 한다. 지구 위험 한계선 모형은 오존층, 담수 이용, 화학물질 오염과 대기오염, 해수 산성화 같은 문제에도 주의를 기울여야 한다고 경고한다. 이 모든 일을 실천하면 생물 다양성 감소가 느려지다 멈춰 뒤로 돌아가기 시작한다.

이렇게 말할 수도 있겠다. 자연의 복원을 우리 조치의 주요 판단 기준으로 삼는다면 우리는 올바른 결정을 내릴 것이며 이는 자연만을 위한 것이 아니다. 자연은 지구의 안정성을 지켜주므로 우리를 위한 것이기도 하다.

하지만 우리의 나침반에는 중요한 요소가 빠졌다. 한 연구에 따르면 인간이 생명 세계에 미친 영향의 약 50퍼센트는 가장 부유한 16퍼센트의 인구 탓이다.[1] 가장 부유한 사람에게 친숙한 삶의 방식은 지구에는 결코 지속 가능하지 않다. 지속 가능한 미래로 나아갈 길을 모색하려면 이 문제를 해결해야 한다. 우리는 유한한 지구 자원의 한도 내에서 살아가는 법을 배워야 할 뿐 아니라 그 자원을 더 고르게 나누는 법도 배워야 한다.

옥스퍼드대 경제학자 레이워스는 이 과제를 더 명확하게 알 수 있도록 지구 위험 한계선 모형의 안쪽에 고리 하나를 덧붙였다. 새로운 고리에는 양호한 주거, 보건, 깨끗한 물, 안전한 먹을거리, 에너지, 적절한 교육, 소득, 정치적 발언권, 정의 등 행복에 필요한 최소한의 요건이 담겼으며, 이렇게 해서 두 가지 기준을 갖춘 나침반이 됐다.

바깥쪽 고리는 생태적 한계를 나타내는데, 지구를 안정되고 안전하게 유지하려면 이 한계 안에 머물러야 한다. 안쪽 고리는 사회적 토대를 나타내는데, 공정하고 정의로운 세상을 만들려면 모든 사람을 기준 위로 끌어올리기 위해 노력해야 한다. 이렇게 만들어진 모형은 **도넛**이라는 이름이 붙었으며 안전하고 공정한 미래라는 근사한 전망을 제시한다.[2]

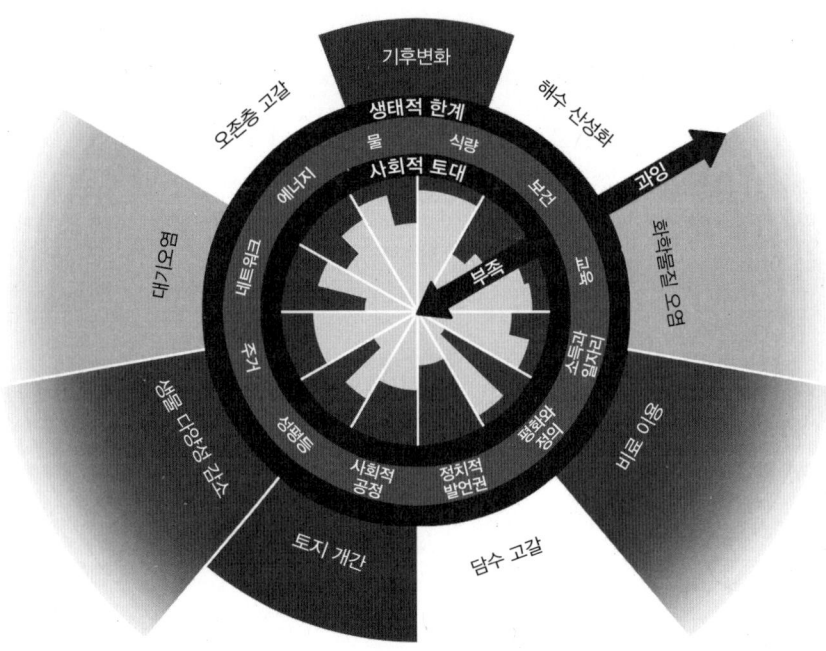

한계선 너머

양이 정해지지 않은 한계선

기후변화

오존층 고갈

해수 산성화

생태적 한계

물   식량

사회적 토대

에너지   보건

네트워크   교육

주거   소득과 일자리

성평등   평화와 정의

부족

사회적   정치적
공정   발언권

대기오염

생물 다양성 감소

화학물질 오염

영양 부족

토지 개간

담수 고갈

도넛 모형

©메건 스페치

우리는 '모든 것의 지속 가능성'을 인류의 철학으로 삼고 도넛 모형을 그 여정의 나침반으로 삼아야 한다. 우리 앞에 놓인 과제는 단순하지만 만만치 않다. 모든 방면에서 삶을 개선하는 동시에 인간이 세상에 미치는 영향을 급진적으로 줄여야 하기 때문이다. 이 원대한 과제를 해결하려면 무엇을 영감의 원천으로 삼아야 할까? 우리가 주목해야 할 것은 생명 세계 자체뿐이다. 모든 해답이 거기 있다.

성장을 넘어서
●

자연이 가르치는 첫 번째 교훈은 성장에 대한 것이다. 지금의 절망적 순간은 세계경제의 **영구 성장**에 대한 욕망이 낳은 결과다. 유한한 세계에서는 무엇도 영원히 성장할 수 없다. 개체, 개체군, 심지어 서식처에 이르기까지 생명 세계의 모든 요소는 일정한 시간 동안은 성장하지만 그 뒤에는 성숙한다. 일단 성숙하면 번성할 수도 있다. 하지만 번성한다고 해서 반드시 더 커지는 것은 아니다.

나무 한 그루나 개미 군집, 산호초 군체, 북극 생태계 전체 등은 모두 성공적 존재로서 성숙했을 때 오랜 기간 존속한다. 그들은 일정한 수준까지 성장한 뒤에는 환경을 최대한 활용한다. 새롭게 얻은 지위의 혜택을 누리되 지속 가능한 방식으로 누린다. 기하급수적 성장 시기(성장기)에서 정점을 거쳐 정체기에 닿는다. 바깥의 생명 세계와 어떻게 상호작용을 하는지에 따라 이 안정된 정체기는 무한정 지속될 수 있다.

그렇다고 해서 정체기의 야생 집단이 변하지 않는다는 말은 아니다. 아마존은 수천만 년을 이어 오면서,[5] 그 시간 내내 최근까지와 엇비슷한 면적을 드넓고 빽빽한 숲 지붕으로 덮은 채 지구의 최성기 중 한 시기에 번성했다. 아마존이 받아들인 햇빛과 빗물의 양, 토양의 영양분 농도는 줄곧 거의 일정했다. 하지만 생명 공동체 내의 종은 그 시간 내 적잖은 변화를 겪었을 것이다. 스포츠 리그 순위표에서 팀의 자리가 바뀌거나 증권시장에서 주가가 변동하듯 해마다 승자와 패자가 갈렸을 것이다. 상승세를 타고 어느 지역에 진출해 다른 종을 몰아내고 증식하는 종은 언제나 있으며 한 나무가 쓰러지면 다른 나무가 그 자리를 차지한다.

새로 등장하는 것이 있는가 하면 몰락하는 것도 있다. 몇몇 신참은 다른 존재에 기회를 선사하는 혁신을 내놓기도 한다. 이를 테면 신종 박쥐가 밤에 꽃 피는 식물의 꽃가루받이를 할 수도 있다. 반대로 한 종이 사라지는 것과 동시에 숲의 다른 곳에서 기회가 줄어들기도 한다.

아마존 우림 공동체는 언제까지나 조정하고 반응하고 개량하면서 지구로부터 여분의 원자재를 전혀 요구하지 않은 채 수천 년간 끊임없이 번성했다. 아마존은 지구상에서 생물 다양성이 가장 큰 곳이자 생명의 현재 실험이 가장 크게 성공한 곳이지만, 결코 순 성장을 필요로 하지 않는다. 단순하게 지속될 수 있을 만큼 성숙했기 때문이다.

지금의 인류는 그런 성숙한 정체기에 닿으려는 생각이 전혀 없어 보인다. 어느 경제학자에게 물어 보든 지난 70년간 우리의 모든 사회적, 경제적, 정치적 제도는 하나의 포괄적 목표를 추구했다. 그것은 각국의 끝없는 성장이었으며, 그 판단 기준은 GDP라는 막연한 척도였다. 사회의 조직화, 사업의 전망, 정치인의 공약을 달성하려면 GDP가 계속 상승해야 한다. 대가속은 이 집착의 산물이며 생명 세계의 대쇠퇴는 그 결과다. 유한한 지구에서 영구 성장을 이루는 유일한 방법은 다른 곳에서 더 많이 가져오는 것뿐이기 때문이다. 우리가 현대의 기적이라고 생각한 것은 한낱 도둑질에 불과했다.

내가 목격자 증언 막바지에 나열한 무시무시한 통계에서 보듯 우리가 가진 모든 것은 생명 세계에서 직접 빼앗은 것이다. 그 과정에서 우리는 자신이 일으키는 피해를 외면했다. 우리가 먹는 닭에게 먹일 콩을 기르기 위해 숲을 파괴하면서 그로 인한 종 감소는 고려하지 않는다. 우리가 구입하고 폐기하는 플라스틱 물병이 해양 생태계에 미치는 영향도 고려하지 않는다. 건물 증축에 쓰이는 블록의 재료인 콘크리트를 제조할 때 배출되는 온실가스도 고려하지 않는다. 우리가 지구에 가한 모든 피해가 이토록 빠르게 돌아온 것은 놀랄 일이 아니다.

환경경제학이라는 새로운 경제학 분야가 이 문제를 해결하려 나섰다. 환경경제학자의 관심사는 지속 가능한 경제를 구축하는 것이다. 그들의 목표는 시스템을 개편해 전 세계 시장이 이윤을 얻을 뿐 아니라 사람과 지구도 혜택을 누리도록 하는 것이다. 이것을 세 가지 P라고 부른다. 상당수 환경경제학자는 이른바 **녹색 성장**에 대단한 희망을 품는다. 이는 환경에 악영향을 전혀 끼치지 않는 성장을 일컫는다. 녹색 성장의 방법은 에너지 효율성이 높은 제품을 만드는 것일 수도 있고, 더럽고 환경 영향이 큰 활동을 깨끗하고 환경 영향이 낮거나 아예 없는 활동으로 바꾸는 것일 수도 있고, 디지털 세상에서의 성장을 촉진하는 것일 수도 있다(**재생 에너지**를 동력원으로 삼는다면 디지털 분야는 저영향 부문으로 분류할 수 있다).

녹색 성장 옹호자는 인간을 위한 가능성에 주기적으로 혁명을 가져온 혁신의 파도를 내세운다. 첫 번째 파도는 18세기 수력의 탄생이었다. 물레방아로 기계를 구동하면서 산업 생산성이 부쩍 늘었다. 두 번째 파도는 화석연료와 증기력의 도입이었다. 이로 인해 제조업에서 산업혁명이 일어났을 뿐 아니라 결국은 사람과 제품을 전 세계로 신속히 운송할 수 있는 항공기가 등장했다. 뒤이어 세 번째 파도가 찾아왔다. 20세기 초 전기의 발명으로 통신이 보급됐고 1950년대 우주 시대는 서구의 소비 호황을 이끌었다. 디지털 혁명으로 인터넷이 탄생했으며 수백 가지 스마트 기기가 우리 가정에 들어왔다. 이 모든 파도는 세상을 근본적으로 바꿨으며 산업 호황을 가져왔다.

많은 환경경제학자는 **지속 가능성 혁명**이라는 여섯 번째 혁신의 파도가 코앞에 다가왔다는 데 희망과 기대를 건다. 이 새로운 질서에서는 혁신가와 창업가가 우리가 지구에 미치는 영향을 줄이는 제품과 서비스를 고안해 돈을 벌 것이다. 물론 절전형 전구, 값싼 태양광 전기, 식물성 햄버거, 지속 가능한 투자 등은 이미 도입됐다. 녹색 성장 옹호자의 바람은 지구적 대쇠퇴의 규모와 긴박함을 직면한 정치인과 재계 지도자가 환경에 해로운 산업에 대한 지원을 멈추고 (적어도 당분간은) 성장을 지속하기 위한 인기 있고 합리적인 선택지로서 지속 가능성을 신속하게 채택하리라는 것이다.

하지만 녹색 성장도 결국에는 성장일 뿐이다. 성장 단계를 넘어 성숙기를 지나 정체기에 안착할 수 있을까? 여섯 번째 혁신의 파도를 넘어서서 아마존처럼 될 수 있을까? 장기적으로 번성하고 개량하고 지속 가능성을 개선하되 커지지는 않을 수 있을까? 어떤 이는 인류가 성장 중독에서 벗어나고 GDP 집착을 버리고 새롭고 지속 가능한 성과 지표에 집중하리라 희망한다. 2006년 신경제학재단에서 작성한 '지구 행복 지수'는 이를 위해 국가의 **생태 발자국**을 기대 수명, 평균 행복 수준, 삶의 질 같은 인류 행복의 요소와 조합한다. 이 지수로 각국의 순위를 매기면 GDP만 감안했을 때와는 등수가 사뭇 달라진다. 2016년에는 코스타리카와 멕시코가 수위를 차지했는데, 평균 행복 점수에서는 미국을 앞섰고 생태 발자국 점수에서는 영국을 근소하게 따돌렸다.

물론 지구 행복 지수에도 허점은 있다. 점수를 합산하는 방식이기에 (노르웨이처럼) 생태 발자국이 커도 행복 점수가 높으면 좋은 평가를 받을 수 있다. 그런가 하면 방글라데시처럼 행복 점수가 낮아도 생태 발자국이 작으면 등수가 올라갈 수 있다. 하지만 지구 행복 지수를 비롯한 여러 평가 기준은 많은 국가에서 GDP의 대안으로 진지하게 검토되며 지구상의 모든 사람이 무엇을 위해 노력해야 하는가에 대해 폭넓은 논의를 이끌어 낸다.[4]

2019년 뉴질랜드는 GDP를 경제 성공의 주요 지표에서 공식적으로 배제하는 대담한 조치를 단행했다. 그런 다음 기존 대안을 채택하지 않고 가장 시급한 국가적 관심사를 토대로 나름의 지수를 작성했다. 이 지수에는 이윤profit, 사람people, 지구planet의 세 가지 P가 모두 포함됐다. 이 한 번의 조치를 통해 저신다 아던 총리는 국가 전체의 우선순위를 성장 일변도에서 오늘날 많은 이의 근심과 열망을 더 효과적으로 반영하는 목표로 바꿨다. 2020년 2월 코로나19가 유입됐을 때 그녀가 단호한 조치를 취할 수 있었던 것은 이러한 어젠다 전환 덕분이었는지도 모른다. 뉴질랜드에서는 사망자가 한 명이라도 발생하기 전에 국경을 폐쇄한 반면에 다른 국가는 (아마도 경제에 미칠 영향을 우려해) 머뭇거렸다. 이른 여름 뉴질랜드에서는 신규 감염이 거의 일어나지 않았으며 사람들은 일터로 돌아가고 자유롭게 교류할 수 있었다.

뉴질랜드는 등댓불로 삼을 만하다. 다른 국가에서 시행한 조사에 따르면 전 세계인은 정부가 이윤만 추구할 것이 아니라 사람과 지구를 우선시해야 한다고 생각한다. 여기서 보듯 모든 국가의 유권자와 소비자는 지속 가능하고 궁극적으로는 (레이워스 말마따나) 성장 집착에서 벗어난 세계를 맞이할 준비가 됐는지도 모른다. 각국은 번영하고 국민과 지구를 이롭게 하기 위한 여정을 떠나야 한다. 지속 가능하지 않은 성장의 혜택을 입은 부유한 국가는 우수한 삶의 질 기준을 유지하되 생태 발자국을 부쩍 줄여야 하는 만만찮은 과제를 부여받았다.

가난한 국가는 사뭇 다른 과제를 맞닥뜨렸는데, 그것은 이전에 한 번도 시도하지 않은 방식으로 삶의 질을 부쩍 개선하면서도 지속 가능한 생태 발자국을 달성해야 한다는 것이다. 이 렌즈를 통해서 보면 모든 국가는 해야 할 일이 있는 발전도상국이며, 녹색 성장으로 돌아서서 지속 가능한 혁명에 동참해야 한다.

인간은 아직 성숙하지 못했다. 아마존의 어린나무가 빈터를 차지하려 안간힘을 쓰듯 우리는 지금껏 성장을 위해 온 힘을 쏟았다. 하지만 환경경제학에 따르면 이제는 성장 열망을 가라앉히고 자원을 더 고르게 배분해야 한다. 성숙하고 우듬지가 풍성한 나무처럼 생명을 위한 준비를 시작해야 한다. 그래야만 급속한 발전으로 이룬 햇볕을 쬐면서 지속적이고 의미 있는 삶을 향유할 수 있다.

청정에너지로의 전환

•

생명 세계의 기본 동력은 태양에너지다. 식물플랑크톤과 조류를 비롯한 지구상의 모든 식물이 하루에 받아들이는 태양에너지는 3조 킬로와트시로, 이는 우리가 쓰는 에너지 양의 스무 배에 육박한다. 식물은 햇빛으로부터 직접 에너지를 거둬 탄소로 만든 유기 분자 속에 가둔다. 식물은 탄소를 얻기 위해 대기의 이산화탄소를 흡수하며 유기 분자를 만들면서 산소를 노폐물로 배출한다. 이 과정을 광합성이라고 한다. 광합성은 줄기를 키우고, 다음 세대의 번식을 위해 씨앗을 만들고, 씨앗을 날라 줄 동물을 꾀기 위해 열매를 맺고, 힘겨운 시기를 버티기 위해 양분을 저장하는 모든 생명 활동의 에너지원이다.

우리를 비롯한 동물은 이 활동의 결실을 거두는 데 많은 시간을 쓴다. 우리는 식물이 맺는 과일을 베어 물고 단물을 빨고 잎과 뿌리의 연한 부위를 씹는다. 우리를 비롯한 많은 동물은 식물을 먹는 동물의 살을 먹어 태양에너지를 간접적으로 거두기도 한다.

심지어 균류와 세균처럼 동물 사체를 천천히 녹여 그 속의 귀한 유기 분자를 거두는 생물도 있다. 동물, 식물, 조류, 식물플랑크톤, 균류, 세균 등 어느 하나라도 이 유기 분자를 깨뜨려 그 속의 에너지를 얻으면 이산화탄소가 부산물로서 대기 중에 빠져나가 다시 한번 식물의 광합성에 쓰인다.

태양에너지의 획득과 분배, 그로 인한 대기와 생명 세계 사이의 탄소 순환은 35억 년간 지구의 생명 활동의 핵심이었다. 그 시간 동안 수많은 숲, 습지, 늪, 생물막, 균류가 자신의 시대에 생명 세계에 동력을 공급했다. 그들이 죽으면 안에 든 탄소는 분해 과정을 거쳐 대기 중으로 돌아갔다. 하지만 이 순환이 교란돼 분해 과정이 멈춘 경우가 있었다. 나무라고 부를 만큼 커다란 최초의 식물은 약 3억 년 전 지구상에 등장했다. 그들은 비교적 작은 현생 후손인 나무고사리와 쇠뜨기를 닮았다. 이 최초의 숲은 대부분의 육지를 덮은 열대 담수 습지에서 성장했다. 죽은 나무는 습지에 빠져 물속에 쌓였으며 강에서 실려 내려온 퇴적물에 천천히 묻혔다. 진흙과 모래에 묻혀 산소가 차단되고 정상적 분해 과정이 일어나지 않는 상황에서 탄소를 함유한 조직은 압축돼 결국 석탄이 됐다. 그 뒤에는 수억 년에 걸쳐 고대의 바다와 고인 호수에서 번성한 플랑크톤과 조류가 이따금 깊숙이 묻혀 석유와 가연성 기체로 바뀌었다.

200년 전 우리는 에너지가 풍부한 이 유해를 파내어 태워 그

속에 든 막대한 양의 탄소를 이산화탄소의 형태로 대기에 돌려보냈다. 우리는 이 화석연료 에너지를 솜씨 좋게 활용하는 법을 익혔으며 그 덕에 주택을 난방하고 차량을 몰고 (원하면 철을 녹일 수도 있는) 공장을 가동한다. 대가속의 연료는 수십억 년에 걸친 과거의 햇빛이었다. 하지만 그 과정에서 우리는 수백만 년어치의 탄소를 수십 년 만에 대기 중으로 돌려보냈다.

이는 재앙을 부르는 행위다. 이산화탄소 자체는 비교적 불활성이며 무해한 기체다. 우리는 숨 쉴 때마다 이산화탄소를 들이마신다. 하지만 이산화탄소는 온실가스이기도 하기에 대기 중에서 담요처럼 지표면 근처의 열을 붙잡는다. 이산화탄소 농도가 높을수록 지구를 데우는 효율이 높아진다. 이산화탄소는 물에 녹아 해수의 산도를 높이기도 한다. 대기 중에 탄소를 욱여넣음으로써 우리는 페름기 말 지구 역사상 최대 규모의 대멸종으로 이어진 변화를 재현하는 셈이다. 하지만 지금의 변화 속도는 그때보다 훨씬 빠르다.

우리는 금세 매우 불리한 상황에 처했다. 이젠 인간 활동의 동력을 얻는 방식을 바꾸는 것 말고는 방법이 없다. 하지만 시간이 없다. 2019년 화석연료는 전 세계 에너지의 85퍼센트를 차지했다.[5] 저탄소 에너지이지만 특정 장소에 국한되며 적잖은 환경 피해를 일으킬 수 있는 수력은 7퍼센트를 밑돌았으며, 마찬가지로 저탄소 에너지이지만 분명한 위험이 있는 원자력은 4퍼센트를 약간 웃돌았다.

우리가 써야 하는 에너지원은 이른바 재생에너지라고 불리는 태양광, 풍력, 파력, 조력, 지열 등 고갈되지 않는 천연 에너지원이지만 이는 여전히 현재 에너지 이용량의 4퍼센트만을 충당한다. 화석연료에서 청정에너지로 돌아설 시간은 10년도 채 남지 않았다. 지구 온도는 이미 산업화 이전에 비해 1도 높아졌다. 온도 상승을 1.5도에서 멈추고자 한다면 대기 중에 추가로 방출할 수 있는 탄소의 양에 한계가 있다. 이는 **탄소 예산**이라고 불리며, 현재 배출 속도라면 2020년대가 끝나기 전에 예산이 바닥날 것이다.[6]

화석연료를 무분별하게 쓴 탓에 우리는 역사를 통틀어 가장 크고 시급한 난제를 맞닥뜨렸다. 우리가 재생에너지로의 전환을 빛의 속도로 달성한다면 인류는 영원히 감사하는 마음으로 이 세대를 기억할 것이다. 우리는 이 문제를 진정으로 이해한 최초의 세대이며 뭐라도 대책을 취할 기회를 가진 마지막 세대이기 때문이다. 세계가 무탄소 에너지를 동력으로 쓰기 위한 길은 울퉁불퉁하며 앞으로 수십 년은 우리에게 무척 고달플 것이다. 하지만 이 문제를 연구하는 많은 이는 해결이 가능하다고 믿는다. 무엇보다 인간에게는 가장 뛰어난 문제 해결 능력이 있다. 우리는 역사 내내 거대한 사회적 변화를 이루는 힘든 과제를 해냈으며 다시 한번 해낼 수 있다.

우리는 진보를 가로막는 첫 번째 장벽을 넘어섰다. 현실적 대안을 이미 찾아냈다. 에너지 부문은 태양, 바람, 물, 깊숙한 땅속 지열로부터 전기를 만드는 법을 터득했다. 물론 남은 문제가 있다. 저장 문제는 아직 해결되지 않았다. 배터리 기술은 충분히 발전하지 않았다. 운송, 난방, 냉방의 임무를 온전히 떠맡을 만큼 재생에너지의 효율을 높이는 과제도 여전히 남았다. 이럴 땐 문제를 에두르는 미봉책으로 부족분을 메워야 한다.

프로젝트 드로다운[7]의 폴 호컨에 따르면 이 방법에는 '양심의 가책'이 따를 때도 있다. 현재 부족분은 원자력발전, 대규모 수력발전, 천연가스 이용 연장 등으로 메울 수 있다. 이 방식은 화석연료를 쓰긴 하지만 석탄이나 석유보다는 탄소를 훨씬 적게 배출한다. 이 모든 방법에는 어느 정도 양심의 가책이 남는다. 농작물을 에너지원으로 쓰는 **바이오에너지** 해법도 있다. 하지만 여기에도 양심의 가책이 따른다. 농작물 생산에 막대한 땅이 필요하기 때문이다. 운송 연료를 보자면 전기 자동차와 더불어 수소 연료전지와 지속 가능한 식물성 바이오 연료, 조류 오일을 도로, 철도, 해상에서 영구적으로 쓸 수 있다.

대부분의 전문가는 한목소리로 항공 운송이 가장 해결하기 어려운 문제라고 말한다. 하이브리드 항공기, 전기 항공기, 수소 항공기가 개발 중이지만, 항공사는 현실적 규모에 닿을 때까지는 탄소 배출을 **상쇄**하기 위한 비용을 항공권 가격에 전가할 계획이다. 우리는 이 모든 조치가 최대한 일시적이도록 노력해야 한다.

탄소 예산을 다 써 버리기까지 시간이 거의 남지 않았으므로 화석 연료를 계속 쓰려면 다른 곳에서 배출을 대폭 줄여야 한다.

두 번째로 생각할 수 있는 장벽은 비용 부담이지만, 이 또한 넘어설 수 있다. 태양광발전과 풍력발전의 규모가 커지면서 재생 에너지 발전의 킬로와트당 가격은 이미 석탄, 수력, 원자력을 능가할 만큼 낮아졌으며 가스와 석유에 근접한다. 게다가 재생에너지는 여타 동력원에 비해 유지비도 훨씬 싸다. 앞으로 30년에 걸쳐 재생 위주의 에너지 부문은 유지비에서 수조 달러를 절감할 것으로 추산된다. 많은 논평가는 비용 부담을 줄이는 것만으로도 재생에너지가 화석연료를 빠르게 대체하리라 생각한다. 하지만 그들이 과소평가했을지도 모르는 세 번째 장벽이 있다.

우리가 맞닥뜨린 가장 까다로운 장애물은 기득권이라고 부를 만한 추상적 힘이다. 현 상태에 이해관계가 걸린 사람에게는 변화가 곧 위협이다. 전 세계 10대 기업 중 여섯 곳이 석유 및 가스 회사다. 이 중 세 곳은 공기업이며, 나머지 10대 기업 네 곳 중 두 곳은 운송 관계사다. 하지만 화석연료에 의존하는 기업은 이들만이 아니다.

거의 모든 대기업과 정부 역시 화석연료를 주요 동력원과 운송에 쓴다. 대부분의 중공업은 생산 라인에서 제품을 가열하거나 냉각할 때 화석연료를 쓴다. 대다수의 대형 은행과 연금·기금은 화석연료에 거액을 투자한다. 미래를 위한 저축이 오히려 미래를 위험에 빠뜨리는 격이다. 이처럼 단단한 시스템에서 변화를 일으키려면 신중한 판단하에 여러 단계를 밟아야 한다. 에너지전환을 분석하는 이는 은행, 연금·기금, 정부가 막대한 손실을 피하기 위해 석탄과 석유 지분의 매각을 늘릴 것이라고 예측한다. 정치인은 현재 화석연료 부문에 쓰는 수천억 달러의 보조금을 재생에너지 부문에 돌리라는 요구를 받는다. 이미 지방정부는 각 가정에서 생산되는 잉여 전기를 두둑한 금액에 사들이고 재생에너지 **마이크로그리드**(소규모의 자급자족 전력 체계인 국소 전력 공급 시스템_옮긴이)를 설치하는 지역에 보조금을 지급하기 시작했다.

오늘날의 관점에서는 포착하기 힘든 또 다른 추세도 화석연료로부터의 탈출을 앞당기는 데 큰 역할을 한다. 일부 분석가는 자율 주행 차량이 보급되면 운송 부문에 혁신이 일어날 거라 예측한다.[8] 몇 년 안에 도시민이 차량을 소유하지 않고 필요할 때마다 빌릴 것이다. 이 차량은 모두 전기차일 것이며 청정에너지로 자동 충전되고 차량 제조사에서 직접 관리한다. 그러면 자동차 산업 전체가 효율성과 신뢰성을 높이려 노력할 것이다.

화석연료 의존을 끝장내기 위한 가장 강력한 유인책은 널리 인정되듯 탄소 배출에 고액의 국제가격을 매기는 것이다. 모든 배출 주체에 **탄소세**를 물리자는 발상이다. 스웨덴 정부는 1990년대에 이런 세금을 도입했으며 여러 부문에서 화석연료 의존도를 낮추는 데 상당한 성과를 거뒀다. 스톡홀름복원력연구소[9]에서는 이산화탄소 배출의 가격을 톤당 50달러에서 시작해 점차 인상하면 오탁pollution 기술에서 청정 기술로의 신속한 변화를 촉진하고, 여전히 화석연료에 의존하는 분야의 효율성 개선을 촉발하고, 가장 영리한 이로 하여금 배출량을 줄이는 신기술과 신공법의 연구에 뛰어들도록 자극하리라 주장한다. 이때 사회의 최빈곤층이 피해를 입지 않도록 신중을 기해야겠지만, 연구에 따르면 충분히 달성할 수 있는 목표다.[10] 한마디로 탄소세는 우리에게 필요한 지속 가능 혁명을 부쩍 앞당길 것이다.

새롭고 깨끗한 무탄소 세상이 가시화되면 모든 사람이 재생에너지 기반 사회의 이점을 체감하기 시작한다. 일상은 덜 혼잡하고 공기와 물은 더 깨끗하다. 열악한 공기 질 때문에 해마다 수백만 명이 조기 사망하는 현실을 왜 그토록 오래 참았는지 궁금해진다. 숲과 초원이 남은 빈국은 여전히 화석연료에 의존하는 국가에 탄소 배출권을 팔아 이익을 얻을 수 있다. 그러면 재생에너지와 저탄소 생활 방식을 발전 구상에 포함할 수 있다. 언젠가 그들의 스마트 청정 도시가 지구상에서 가장 살기 좋은 곳이 돼 전 세계 최고 유명인을 끌어들일지도 모른다.

이것이 환상일까? 그렇지 않을 수도 있다. 적어도 아이슬란드, 알바니아, 파라과이 세 국가는 모든 전기를 화석연료 없이 생산한다. 석탄, 석유, 가스의 발전 비중이 10퍼센트 이내인 국가도 여덟 곳이다. 이 국가 중에서 다섯 곳은 아프리카에 있고 세 곳은 라틴아메리카에 있다. 에너지전환과 포괄적 지속 가능 혁명을 통해 발전도상국은 다른 방법으로 서구의 많은 국가를 훌쩍 뛰어넘을 절호의 기회를 맞는다.

모로코는 지속 가능 혁명을 국가적으로 받아들인 하나의 사례다. 21세기 들머리에만 해도 모로코는 에너지의 거의 전부를 수입 석유와 가스에 의존했다. 하지만 지금은 세계 최대의 태양광발전소를 비롯한 재생에너지 발전망에서 국내 수요의 40퍼센트를 충당한다. 모로코는 용융염 기술이라는 유망하고 비교적 값싼 에너지 저장 방식을 선도한다. 이는 소금을 써서 여러 시간 동안 태양열을 붙잡아 뒀다가 밤에 쓰는 방식이다. 사하라사막 가장자리에 자리 잡은 모로코는 유럽 남부에 직접 연결된 송전선을 통해 언젠가 태양에너지 순 수출국이 될 수도 있다. 화석연료의 축복을 한 번도 받지 못한 국가인 모로코에 재생에너지는 더 큰 번영으로 통하는 입장권이다.

역사에서 보듯, 동기부여만 제대로 되면 심오한 변화가 짧은 시간에 이뤄질 수 있다. 화석연료에서 이런 변화의 조짐이 보인다. 전 세계는 2013년에 석탄 정점을 지났다. 투자자가 자금을 거두면서 석탄 산업은 위기에 처한다. **석유 정점**은 몇 년 안에 닥칠 것으로 예측되며 코로나19 유행과 연관된 가격 폭락이 이를 앞당길지도 모른다. 어쩌면 기적적으로 21세기 중엽에 청정에너지 세상이 찾아올 수도 있다.

모로코 와르자자트 인근 누르 1
집광형 태양광발전소의 태양 전지판을 찍은 항공사진

©파델 세나/게티

이 방면으로 희망을 품을 이유가 하나 더 있다. 그것은 청정 에너지로 돌아서는 동안 지구를 구하기 위한 미봉책으로서 우리가 대기에 방출한 탄소의 일부를 적극적으로 포집해 해롭지 않도록 다시 가둬 두는 기술이다. 이 **탄소 포집 및 저장**Carbon Capture and Storage, CCS 기술은 화석연료를 퇴출하기까지 시간을 벌어야 하는 정치인과 기업인에게 매우 솔깃하다. 이런 방식의 예로는 화석연료 발전소에서 흘러 나가는 탄소의 일부를 차단하는 필터, 대기의 탄소를 직접 제거하는 흡기탑, 곡물이 분해되는 과정에서 발생하는 온실가스를 거두는 바이오에너지 발전소, 탄소를 해롭지 않도록 암석에 깊이 주입하는 시설 등이 있다.

일부 **지구공학자**는 세균과 조류를 활용하고 바다에 철을 넣고 해저에 이산화탄소를 주입하고 상층 대기에서 먼지로 햇빛을 차단하는 등의 실험적 아이디어를 내놓는다. 이 중 일부는 이론적으로 타당성이 있으며 몇몇은 대규모로 추진될 수 있을지도 모르지만, 지금까지는 연구가 일천하며 예상치 못한 부정적 결과를 가져올 위험이 있다.

기후변화뿐 아니라 생물 다양성 감소를 우려하는 사람에게 분명한 사실은 탄소를 포집하는 훨씬 나은 방법이 있다는 것이다. 자연을 재야생화하면 막대한 양의 탄소를 대기에서 빨아들여 자연 속에 가둘 수 있다. 이 **자연 기반 해법**을 전 세계적 배출 감축과 나란히 실시하면 **탄소 저장**과 생물 다양성 복원을 일거에 해결할 수 있다. 이는 궁극적 상생 전략이다. 여러 서식처를 연구했더니 생태계의 생물 다양성이 클수록 탄소를 더 잘 포집하고 저장하는 것으로 드러났다.[11]

자연 기반 탄소 포집은 정부, 펀드매니저, 업계의 투자가 필요한 분야다. 탄소 배출을 상쇄하기 위한 모든 재원이 여기에 투자돼야 한다. 전 세계에서 기금을 만들어 야생 복원을 국제적으로 지원해야 한다. 이 해법을 지구상의 모든 서식처에서 적극적으로 추진하면 기후변화와 여섯 번째 대멸종을 동시에 막을 수 있다. 가장 빠른 수익 중 일부는 불과 몇 년 안에도 얻을 수 있으며, 야생이 가장 많이 복원된 곳에서 가장 큰 효과를 거둘 것이다.

바다의 재야생화

•

바다는 지구 표면의 3분의 2를 차지한다. 게다가 깊이가 무척 깊기에, 서식 가능 공간이 훨씬 넓다. 그러므로 바다는 세계를 재야생화하는 혁명에서 특별한 역할을 해야 한다. 해양생태계를 복원하면 절실히 필요한 세 가지 과제를 한꺼번에 달성할 수 있다. 그것은 탄소 포집, 생물 다양성 증가, 식량 증산이며 그 출발점은 현재 바다에 가장 큰 피해를 입히는 산업인 어업이다.

어업은 세계 최대의 야생 수확이기에 제대로만 하면 오래도

록 계속할 수 있다. 상호 이익이 작동하기 때문이다. 해양 서식처
가 건강하고 생물 다양성이 클수록 어류가 많아지고 우리의 식량
도 많아진다. 그렇다면 왜 지금은 작동하지 않을까? 우리는 특정
장소에서, 특정 종을 너무 많이 잡는다. 폐기물도 너무 많이 버린
다. 생태계를 망치는 꼴사나운 어획 기술을 쓴다.

무엇보다 해로운 사실은 모든 곳에서 어류를 잡는다는 것이
다. 바다에는 숨을 곳이 하나도 남지 않았다. 캘럼 로버츠 교수 같
은 해양생물학자는 기존 해양학 지식을 바탕으로 국제적 접근법
을 채택하면 이 모든 문제를 바로잡을 수 있다고 말한다.

첫째, 연안 해역을 통틀어 조업금지구역을 그물망처럼 지정
해야 한다. 현재 전 세계에 1만 7,000곳 이상의 **해양보호구역**MPA
이 있다. 하지만 이는 바다 면적의 7퍼센트 미만에 불과하며 많은
MPA에서는 여전히 여러 방식으로 조업이 허용된다.[12] 어류의 번
식 습성을 감안하면 바다의 상당 부분에서 조업을 전면 금지해야
한다. 조업금지구역에서는 어류가 더 오래 살고 크게 자란다. 큰 개
체는 훨씬 큰 새끼를 낳는다. 그러면 조업 중인 인근 수역에도 어
류가 돌아온다. 이 **파급효과**는 열대에서 북극에 이르기까지 MPA
를 엄격히 지키는 곳에서 관찰됐다. 어촌은 MPA가 처음 시행될
때는 조업 제한에 저항하는 경향이 있지만, 몇 년 지나지 않아 혜
택을 체감하기 시작한다.

카보 풀모 해양보호구역은 멕시코 바하칼리포르니아 끄트머

리에 있다. 1990년대에 이 해역은 남획이 만연했으며 해법이 간절했던 어촌은 7,000헥타르 이상의 연안 해역을 조업금지구역으로 지정하자는 해양학자의 조언에 동의했다. 현지 주민은 1995년에 MPA가 지정된 직후 몇 년을 가장 힘겨웠던 시기로 회상한다. 어부는 인근 수역에서 어류를 거의 잡지 못했으며 멕시코 정부에서 받는 식권으로 먹고살아야 했다. 그들은 MPA에서 어류 떼가 늘어나는 것을 보고 곧잘 금지 조치를 위반하려는 유혹을 느꼈다. 그들이 결심을 지킨 것은 오로지 해양학자에 대한 신뢰 때문이었다.

10년이 지났을 즈음 상어가 카보 풀모에 돌아왔다. 나이 든 어부는 어릴 적 상어를 본 기억이 있었으며 이것이 회복의 징표임을 알았다. 불과 15년 만에 조업금지구역의 해양 생물량은 400퍼센트 이상 늘어 조업이 한 번도 이뤄지지 않은 산호초와 비슷한 수준이 됐으며 어류 떼는 인근 수역으로 퍼져 나가기 시작했다. 어부는 수십 년간 잡은 것보다 더 많은 어류를 잡았으며 게다가 관광까지 활성화됐다. 다이빙 용품점, 민박, 식당은 카보 풀모 주민의 새로운 소득원이 됐다.[13]

MPA 모형의 성공 비결은 우리가 애초에 시작하지 말았어야 할 행위를 중단한 것이다. 그 행위는 바다의 자본이라 할 핵심 어류 기반까지 먹어 치우는 것이다. 합법적 조업 구역 내에 조업금지구역이 있으면 우리는 원금이 아니라 이자만으로 먹고살아야 한다.

멕시코 바하칼리포르니아수르 카보 풀모에서 줄전갱이
(카랑크스 섹스파스키아투스 *Caranx Sexfasciatus*) 무리를 바라보는 잠수부

©오나르도 곤살레스/셔터스톡

어느 금융인에게 물어봐도 이것이 합리적이고 지속 가능한 방법이라고 말한다.

조업금지구역에서는 모든 어류 개체군이 풍부해지기에 원금이 점점 많아져 이자도 는다. 그물에 잡히는 어류가 많아지는 것이다. 고기잡이가 쉬워지고, 바다에서 쓰는 화석연료의 양이 줄고, 의도하지 않은 부수적 어획이 줄고, 파도가 거칠 때는 한가로이 뭍에서 쉴 수 있다. 훌륭히 설계해 효과적으로 관리하는 MPA는 바다와 새롭고 건강한 고기잡이 관계를 맺는 입장권이다. 추산에 따르면 바다의 3분의 1만 조업금지구역으로 지정해도 장기적으로 어업을 지속하기에 충분할 만큼 어업자원이 회복된다.

MPA에 가장 적합한 곳은 암초와 산호초, 해구, 바닷말 숲, 맹그로브숲, 해초지, 염습지 같은 바다의 양묘장, 즉 해양 동물이 번식하기 쉬운 곳이다. 이런 곳 주변에서는 어류가 번성하게 내버려두고 인근 수역에서만 조업을 해야 한다. 이곳이 우리의 또 다른 주요 목표인 탄소 포집에도 적임지인 것은 결코 우연이 아니다. (지금처럼 고갈된 상태에서도) 염습지, 맹그로브숲, 해초지가 공기에서 포집하는 탄소의 양은 운송으로 배출되는 배기가스의 절반가량이나 된다.[14] 조업금지구역으로 지정해 보호하면 이 서식처는 회복해 더 많은 탄소를 포집한다.

어류를 잡는 방법도 중요하다. 현재 조업 방식은 대부분 마구잡이식이다. 더 현명한 방식이 필요하다. 배끌그물에는 표적 종이외의 어류가 빠져나가도록 비상 탈출구를 둬야 하고, 참다랑어 같은 대형 포식 어류는 작살과 낚시로만 잡아야 하며, 바다를 초토화하는 해저 저인망은 금지해야 한다. 주요 어업자원을 지속적으로 감시하고 지속 가능한 어획량이 유지되도록 자율 규제를 실시해야 한다.[15] 부두에서 접시까지 어류를 추적하는 새로운 **블록체인** 방식을 도입해 우리가 먹는 어류가 어디서 왔는지 알고 지속가능한 어업을 우대해야 한다.

궁극적으로는 단지 빠른 수익을 거두는 것이 아니라 영원히 고기잡이를 하는 것을 목표로 삼아야 한다. 자연산 해산물은 공유된 자원이며 우리에게, 특히 어류를 단백질의 주공급원으로 삼는 10억 명(대부분 가난한 농촌 주민이다)에게 이익이 돌아가야 한다는 사실을 깊이 새겨야 한다.

얻을 수 있는 것이 아니라 필요한 것을 가지려는 마음은 열대 태평양의 섬나라 팔라우 국민의 전통 곳곳에 흐른다. 사방으로 수백 킬로미터까지 심해에 둘러싸인 채 4,000년간 바깥세상과 단절된 채 살았기에 어업자원의 지속 가능성은 언제나 이들에게 궁극적 관심사였다.

여러 세대에 걸쳐 연장자는 산호초의 고기잡이를 면밀히 감시하면서 한 어종이 줄기 시작하면 신속하게 조치를 취했다. 옛 규칙인 '불'(금지)을 시행해 산호초를 하룻밤 새 조업금지구역으로 탈바꿈시켰으며 인근 수역이 산호초 어류로 다시 한번 북적거릴 때까지는 금지 조치를 해제하지 않았다.

이 전통은 팔라우 어업 정책의 근간을 이룬다. 4선 대통령 토미 레멩게사우 2세(이하 레멩게사우)는 '정부에서 봉사하려 휴가를 낸 어부'를 자처한다. 그는 자국 인구가 급증하고 관광객이 몰려들고 일본, 필리핀, 인도네시아의 어선단이 팔라우 수역을 돌아다니는 것을 보았다. 바다의 부담이 너무 커지자 그는 팔라우의 여느 연장자와 마찬가지로 조치를 취했다. 조업을 금지한 것이다. 일부 산호초에서는 조업이 전면 금지됐으며 또 다른 수역에서는 환경 영향이 낮은 조업만이 허용됐다. 한편 위협을 받는 어류가 평화롭게 번식하도록 계절적 금지 조치가 시행됐다.

하지만 레멩게사우가 내린 가장 인상적인 조치는 팔라우 심해에 대한 것이었다. 그는 팔라우가 어류 수출에 전전긍긍해서는 안 된다고 선포했다. 자국민과 방문객이 먹어야 하는 만큼만 잡아야 한다고, 말하자면 생계형 어업으로 돌아가야 한다고 말했다. 상업적 조업 면허의 건수를 부쩍 줄이고 팔라우 영해의 5분의 4(프랑스 면적과 맞먹는다)를 조업금지구역으로 지정했다. 나머지 5분의 1에서 소수의 배가 잡는 참다랑어는 팔라우 국민과 관광객 전부를 먹여 살리기에 충분하다. 레멩게사우는 파급효과 덕분에 팔라우 국민이 늘 복원되는 어업자원이라는 선물을 이웃 국가에 제공한다며 뿌듯해 한다.

우리에게는 이 지혜를 바다의 3분의 2(지구 표면적의 절반)에 적용할 절호의 기회가 있다. 국제 수역(공해)은 누구의 소유도 아니다. 공통의 공간이기에 모든 국가가 마음껏 어류를 잡을 수 있는데, 이게 문제다. 몇몇 국가는 공해에서 조업하는 자국 선단에 수십억 달러의 보조금을 줬다. 이 보조금 덕에 어선은 어류의 씨가 말라서 수익이 나지 않는데도 계속 조업한다. 사실상 바다에서 어류를 없애는 일에 공적 자금이 쓰이는 셈이다. 그 주범은 중국, 유럽연합, 미국, 한국, 일본으로 전부 이 관행을 멈출 여력이 있는 국가다. 그래서 희망의 여지가 있다.

국제연합과 세계무역기구는 공해에 대한 새 규정을 제정하기 위해 협의 중이다.[16] 그 목표는 해로운 어업 보조금을 철폐해 전 세계 심해에 서식하는 남획 어군이 한숨 돌리게 하는 것이다. 하지만 여기서 훨씬 더 나아갈 수도 있다. 모든 국제 수역을 조업금지구역으로 지정하면 난바다는 남획에 시달리는 곳에서 풍성한 야생의 바다로 탈바꿈한다. 그러면 우리의 연안 해역에도 어업자원이 풍부해지며, 생물 다양성을 통한 탄소 포집으로 우리에게 이익이 돌아갈 것이다. 공해는 세계 최대의 야생보호구역이 되며 무주공산에서 모두가 돌보는 곳으로 바뀔 것이다.

하지만 이런 접근법만으로 충분한 시기는 이미 지났다. 남획되거나 한계 상황까지 어획된 어종은 90퍼센트에 이른다. 지난 몇 년간의 전 세계 어획 기록에서 알 수 있다. 우리는 1990년대 중엽 **어획 정점**이라는 또 다른 정점에 닿았다. 공교롭게도 그때는 〈아

름다운 바다〉를 촬영하던 시점이었다. 그때 이후로 우리는 바다
에서 8,400만 톤 이상의 어류를 한 번도 잡지 못했다. 물론 세계
인구와 평균 소득이 늘면서 어류 수요도 꾸준히 늘었다. 나머지
어류는 어디에서 왔을까? 1990년대 중엽부터 **양식업**이 기하급수
적으로 성장했다. 1995년에는 양식 해산물이 1,100만 톤에 머물
렀으나 오늘날은 8,200만 톤에 이른다.[17] 사실상 양식 덕에 어획
량이 두 배로 늘었다.

양식을 통해 전 세계 자연산 해산물 수요를 줄일 가능성이
있긴 하지만, 지금까지의 산업적 양식업에서는 지속 불가능한 관
행이 만연했다. 맹그로브숲과 해초지 같은 연안 서식처가 파괴되
고 해안과 맞닿은 양식장이 들어섰다. 어류, 새우, 조개 위주의 양
식 어패류는 밀집해 살아가기에 질병이 흔하다. 이 때문에 어민은
항생제와 소독약을 쓸 수밖에 없으며 이 화학물질은 질병 자체와
함께 주변 바다로 퍼져 나간다. 연어 같은 포식 어류에 먹이려 수
십만 톤의 어류를 잡은 탓에 바다에는 야생 어류의 먹이가 동났
다. 이는 남획만큼이나 바다에 해롭다.

양식장에서 발생하는 막대한 양의 오수는 가두리에서 주변
해수로 흘러든다. 2007년 중국의 대규모 새우 양식업에서만 430
억 톤의 오수가 발생해 얕은 바다를 부영양화했으며 조류가 번성
해 연안에서 산소가 고갈됐다. 일부 양식장은 강에서 실려 내려온
독극물로 그득하며 식품 오염 소동이 여러 차례 벌어졌다. 외래종

이 양식장을 탈출해 연약한 토종 생태계를 엉망으로 만드는 일도 비일비재하다.

오늘날 양식업의 모범 사례는 이 모든 문제에 대처하며 칭찬받아 마땅하다.[18] 이런 양식업자는 지속 가능한 양식의 가능성을 보여 준다. 그들의 양식장은 환경 영향을 희석하기 위해 바다 안쪽으로 뻗었으며 상당수는 거센 해류의 효과를 보기 위해 바다 쪽으로 수 킬로미터 들어간다. 어류는 질병을 줄이기 위해 밀집도를 훨씬 낮춘 조건에서 양식되며 항생제를 물에 풀지 않고 백신을 접종한다.

포식 어종은 농작물의 기름과 **도시 농장**의 곤충 단백질을 먹이는데, 도시 농장에서는 연안 도시의 음식물 쓰레기로 수십억 마리의 파리를 기른다. 양식장은 여러 층인데, 어류 가두리 아래에 매달린 우리에서는 아시아에서 인기 있는 어패류인 해삼과 성게가 위층에서 떨어지는 배설물을 먹고 산다. 가두리를 둘러싼 밧줄은 홍합과 백합으로 덮였으며 식용 해조류가 매달렸다. 가두리에서 표층수를 따라 흘러나오는 잉여 사료와 배설물은 이 모든 어패류의 먹이가 된다.

전 세계 연안의 어촌이 이 지속 가능한 방법으로 지역 환경을 해치지 않으면서 바다로부터 더 많은 식량과 소득을 얻을 수 있는 잠재력은 어마어마하다. 가까운 미래에 당신과 가장 가까운 해안에 양식장이 설치될지도 모른다.

대왕다시마(마크로키스티스 피리페라 *Macrocystis Pyrifera*)

ⓒ리지 하퍼

여기에 **바다 임업**이 가세할 수도 있다. 다시마는 지구상에서 가장 빨리 자라는 해조류로, 넓은 갈색 잎은 단 하루에 0.5미터까지도 자랄 수 있다. 차갑고 영양이 풍부한 연안수에서 잘 자라며 거대한 바닷속 숲을 이루는데, 이 숲은 생물 다양성이 어마어마하다. 숲 사이를 헤엄치다 우뚝 솟은 질긴 이파리를 밀어내면 특별한 경험이 기다린다. 물안경을 가린 다시마를 치우면 상상도 못할 광경이 펼쳐진다!

다만 다시마숲은 성게의 공격에 취약하며, 이런 경우에 성게를 먹는 해달 같은 동물을 인간이 절멸시킨 곳에서는 다시마숲 전체가 성게에 먹히기도 한다. 하지만 우리가 힘을 보태면 이 숲을 복원해 막대한 이익을 얻을 수 있다. 다시마는 위쪽으로 자라 무척추동물과 어류의 보금자리가 되며 어마어마한 양의 탄소를 포집한다.

실험에 따르면 다시마 1톤(건조중량)은 이산화탄소 1톤을 흡수한다. 이렇게 자란 다시마를 수확하면 지속 가능한 새로운 바이오에너지로 쓸 수 있다. 복원되는 다시마숲은 육상의 바이오에너지 작물과 달리 인간이나 육상 야생 생물과 자리를 다투지 않는다. CCS를 접목해 다시마가 분해될 때 방출되는 이산화탄소를 포집하면 신세계가 열린다. 에너지를 생산하는 동시에 대기 중 탄소를 제거할 수 있는 것이다.[19]

다시마는 수확해 식량으로 쓸 수도 있고 가축이나 어류의 사료로 쓸 수도 있고 유용한 생화학물질을 추출할 수도 있다. 대규모 해양 임업의 현실성이 여러 연구진에 의해 타진되고 있으므로 조만간 가능성 여부를 확인할 수 있다. 분명한 사실은 우리가 바다를 그만 착취하고 바다가 번성하는 방향으로 수산물을 잡기 시작하면 우리 스스로는 꿈꾸지도 못할 속도와 규모로 바다의 생물 다양성을 복원하고 지구를 안정시킬 수 있다. 어장 관리 개선, MPA 네트워크 설계 개량, 연안 해역을 지속 가능하게 관리하려는 어촌에 대한 지원, 전 세계 맹그로브숲, 해초지, 염습지, 다시마숲의 복원이 이 목표를 달성하는 열쇠다.

공간을 덜 차지하기

•

홀로세 내내 인간이 영토를 확장하면서 야생 서식처를 농지로 바꾼 것은 우리가 지구상에 사는 동안 생물 다양성이 줄어든 최대의 직접적 원인이다. 이 전환의 절대다수는 근래에 일어났다. 1700년에 농지 면적은 약 10억 헥타르에 불과했다. 오늘날 농지 면적은 50억 헥타르에 육박하며 북아메리카, 남아메리카, 오스트레일리아를 합친 것과 맞먹는다.[20] 이 말은 우리가 지구상의 서식 가능 면적 중 절반 이상을 오로지 자신만을 위해 쓴다는 뜻이다.

지난 300년간 40억 헥타르의 농지를 추가로 확보하기 위해 계절림, 우림, 임지, 잡목림을 벌목하고 습지를 메우고 초원에 울타리를 쳤다. 이런 서식처 파괴는 생물 다양성 감소뿐 아니라 온실가스 배출의 주원인이었고 지금도 그렇다. 전 세계 육상식물과 토양은 대기 중 탄소의 두세 배를 함유한다.[21] 나무를 베고 숲을 불태우고 습지를 메우고 야생 초원을 개간해 우리는 오랜 세월 저장된 탄소의 3분의 2를 방출했다. 야생을 없앤 대가는 엄청났다.

현대의 산업적 농지는 아무리 자리를 잡아도 야생지를 대신할 수 없다. 밭은 언뜻 자연 풍광처럼 보이지만 실은 매우 비자연적이다. 농지와 야생 서식처는 전혀 다른 역할을 한다. 야생 서식처는 자족하도록 진화했다. 생태계에 속한 식물은 물, 탄소, 질소, 인, 포타슘(칼륨)을 비롯한 생명의 모든 귀중한 성분을 거둬 저장하기 위해 협력한다. 이런 공동체는 자족적이어야 하며 미래를 감안해야 한다. 시간이 흐를수록 탄소를 많이 가두고 구조가 복잡해지고 생물 다양성이 커지고 토양의 유기물이 풍부해진다.

현대의 산업적 농지는 사뭇 다르다. 농지를 떠받치는 것은 인간이다. 우리는 농지에 필요하다고 생각되는 모든 것을 주입하고 그렇지 않은 모든 것을 제거한다. 땅이 척박하면 비료를 쓰는데, 토양미생물에 유독할 정도로 과용할 때도 있다. 물이 충분하지 않으면 딴 데서 끌어와 자연 수계를 고갈시킨다. 다른 식물이 들어와 자라면 제초제로 죽인다.

곤충 때문에 작물의 생장이 느려지면 살충제를 뿌린다. 생장기가 끝나면 식물을 모조리 뽑고 흙을 뒤집어 공기와 햇빛에 노출해 탄소를 방출한다. 목초지가 쑥대밭이 될 때까지 여러 해 가축을 방목한다. 농지는 양분을 인공적으로 주입받는다. 농지 소유주는 미래를 위해 땅을 가꿀 필요성을 느끼지 않는다. 시간이 흐르면서 산업적 영농이 가장 극심한 땅은 탄소를 배출하고 구조가 단순해지고 토양의 생물 다양성과 유기물을 잃는다.[22]

우리 눈에 매력적으로 보일지는 몰라도 탁 트인 들판, 포도밭, 과수원의 완만한 언덕은 원래의 야생지에 비하면 앙상한 환경이다. 산업적 농지의 확장을 멈추지 않고는 생물 다양성 감소를 끝장내고 지구상에서 지속 가능하게 살아갈 희망이 없다.

자연이 회복을 시작하도록 하려면 한발 더 나아가 우리가 차지하는 지표면의 비율을 적극적으로 줄여 야생에 공간을 돌려줘야 한다. 어떻게 해야 할까? 누구나 먹어야 산다. 게다가 인구가 늘고 삶의 기준이 높아지면서 필요한 식량의 양은 늘어만 갈 것이다. 나중에 보겠지만 우리가 버리는 어마어마한 양의 음식물을 재활용하면 분명히 도움이 된다. 그래도 식품 산업 전문가의 추산에 따르면 앞으로 40년 뒤에는 홀로세를 통틀어 모든 농민이 수확한 것보다 많은 식량을 생산해야 한다. 여기서 중대한 질문이 제기된다. 더 좁은 땅에서 더 많은 식량을 생산하려면 어떻게 해야 할까?

가장 좋은 조언을 줄 수 있는 나라는 네덜란드다. 네덜란드는 세계에서 인구밀도가 가장 높은 국가 중 하나다. 넓지 않은 표면적에 자리 잡은 농지는 여느 산업국보다 좁으며 확장의 여지는 전혀 없다. 이에 맞서 네덜란드 농민은 최소한의 면적에서 최대한의 수확을 끌어내는 방면에 전문가가 됐다. 비록 막대한 환경 비용이 따랐지만 일부 농가가 들려주는 지난 80년간의 변화 이야기는 전 세계 농업에 영감을 줄지도 모른다.

2차 세계대전의 트라우마에 시달린 네덜란드 국민은 1950년대에 농가가 자급자족하고 식량을 재배하기에 충분한 땅을 얻으려는 강한 열망을 느꼈다. 그들의 아담한 농장에서는 대체로 가축 몇 마리, 곡식 몇 종, 채소 몇 종을 길렀다. 1970년대에 농장을 물려받은 다음 세대는 비료, 온실, 기계, 살충제, 제초제 등 당시에 점차 보급되던 기술을 받아들여 농업을 산업화했다. 각 농장은 한두 가지 작물을 특화했으며 농가는 소출을 극대화하는 일에 매우 능숙해졌다. 하지만 그들의 생산성은 석유와 화학물질에 의존했다. 여기까지는 전 세계 농업과 다를 바 없다. 생물 다양성, 수질, 기타 환경 지표가 부쩍 악화했다.

하지만 새천년 즈음 그들의 자녀가 농장을 물려받았으며 이 세대의 일부 개척자는 새로운 야심을 품었다. 소출을 늘리면서도 환경 영향을 줄이겠다는 것이었다. 젊은 농장주는 풍력발전기를 세우거나 농장 깊숙이 지열정(땅 밑에 있는 지열을 끌어올리려 판 구덩이_옮긴이)을 파서 재생에너지로 온실을 데웠다. 자동 온도 조절 시스템을 설치해 온실의 온도를 완벽하게 유지하면서도 물과 열

네덜란드의 대형 온실에 매달린 채 익는 토마토

©세르게이 베즈베리/셔터스톡

의 손실을 줄였다. 필요한 빗물은 모두 온실 지붕에서 모았다.

또한 작물을 땅에 심는 게 아니라 영양물질이 풍부한 물을 채운 홈통에 심어 자원 투입과 손실을 최소화했다. 살충제 대신 천적을 신중하게 활용했으며 직접 양봉을 해 꿀벌이 확실하게 꽃가루받이를 하도록 했다. 들판에서 농사지을 때는 면적당 물과 양분을 측정해 흙을 최대한 촉촉하고 건강하게 유지했다. 퇴비 만드는 법을 익혔으며 수확하고 남은 줄기와 잎으로 작물을 포장했다.

이 혁신적이고 지속 가능한 농장은 현재 지구상의 식량 생산자를 통틀어 소출이 가장 많고 환경 영향은 가장 적다. 네덜란드와 전 세계의 모든 농민이 네덜란드 농가의 이런 선구자적 정신을 본받는다면 우리는 훨씬 좁은 땅에서 훨씬 많은 식량을 생산할 수 있다.[23] 하지만 첨단 기술을 도입하려면 비용이 많이 든다. 전세계 농지의 대부분을 차지하는 대규모 식량 생산 기업에는 좋은 아이디어일지도 모르지만 소농과 자영농에게는 도움이 되지 않는다. 그럴 때는 효과적이고 단순한 기술을 활용할 수 있다. 이런 기술은 전 세계의 다양한 조건에서 소출을 개선하고 환경 영향을 줄이는 성과가 입증됐다.

재생 농법은 탄소가 풍부한 유기물을 겉흙에 돌려보내는 값싼 방법으로, 대부분의 땅에서 지력이 고갈된 흙을 되살릴 수 있다.[24] 재생 농법은 땅을 갈지 않는다. 땅을 갈면 겉흙이 드러나 탄소가 대기 중으로 방출되기 때문이다. 재생 농법은 비료도 줄여

나간다. 비료는 토양의 생물 다양성을 줄이며 토양이 건강하게 제역할을 하지 못하게 하기 때문이다.

수확이 끝나면 다양한 '피복 작물'을 심어 토양을 직사광선과 빗물로부터 보호하며 양분이 식물의 뿌리를 거쳐 땅속으로 돌아가도록 한다. 모든 밭에서 여러 해에 걸쳐 돌려짓기를 하되 최대 열 가지 작물을 바꿔 심는다. 작물마다 토양으로부터 원하는 양분의 구성이 다르므로, 이렇게 하면 지력이 결코 고갈되지 않는다. 돌려짓기를 하면 충해가 줄어 살충제 사용량도 줄일 수 있다.

사이짓기도 할 수 있다. 이는 같은 밭에 둘 이상의 작물을 번갈아 심는 것으로, 지력을 고갈시키는 게 아니라 오히려 보충할수 있다. 이 기법은 결국 지력을 살리고 비료의 필요성을 아예 없애고 대기의 탄소를 포집해 땅으로 돌려보낼 것이다. 지력이 고갈돼 버려진 밭은 전 세계적으로 약 5억 헥타르에 이른다(대부분 가난한 국가다). 이런 땅에 재생 농법을 도입하면 흙을 다시 한번 기름지게 하고 200억 톤으로 추산되는 탄소를 가둘 수 있다.

농업 혁신은 밭에 국한된 것이 아니다. 우리가 다른 목적으로 차지하는 공간에서 식량을 생산하는 새로운 농업의 흐름이 존재한다. 도시 농업은 도시 안에서 상업적으로 식량을 재배하는 것이다. 도시 농부는 지붕, 폐건물, 지하, 사무실 창턱, 도시 빌딩의 외벽, 재개발 단지의 운송용 컨테이너에서 식량을 재배하며 심지어주차장 위에도 작물을 심어 아래쪽 차량에 그늘을 드리운다.

도시 농장에서는 온도 조절, 절전형 조명, **수경법**을 써서 생장 여건을 극대화하고 흙, 물, 양분의 수요를 최소한으로 줄인다. 도시 농업은 쓸모없는 땅을 효과적으로 활용할 뿐 아니라, 생산지와 소비지가 같기에 운송 과정에서의 탄소 배출도 부쩍 줄일 수 있다.

이 접근법을 대규모로 발전시킨 것이 **수직 농업**이다. 이는 샐러드 채소를 비롯한 여러 식물을 층층이 배치하고 재생에너지로 LED 조명을 밝히고 급수관으로 양분을 공급하는 방식이다. 수직 농업은 설치비가 비싸긴 해도 장점이 많다. 단위 면적당 소출을 최대 스무 배까지 늘릴 수 있다. 날씨 변화에 영향을 받지 않으며, 밀폐된 환경이기에 살충제와 제초제를 쓰지 않아도 된다. 몇 곳의 상업적 수직 농장이 이미 가동 중이며, 샐러드 채소 같은 소량 고부가가치 식품을 인근 도시의 소비자에게 공급한다.

이 모든 영농 혁신에서 얻을 수 있는 이득을 통해 우리는 전 세계 작물 수확량을 확실히 끌어올리면서도 탄소 배출을 줄일 수 있다. 하지만 엄연한 현실은 이러한 농업 개량에 음식물 쓰레기 제한 조치를 접목해도 우리가 거둘 수 있는 성과에는 한계가 있다는 것이다. 90~110억 인구가 지구상에서 지속 가능하게 살아가려면 먹는 음식이 달라져야 한다. 무엇을 먹느냐가 얼마나 먹느냐보다 중요하다. 다시 말하지만 우리는 자연에서 해답을 얻을 수 있다.

아프리카 대평원의 톰슨가젤 무리는 하루 종일 풀을 뜯는다. 가장 좋은 풀을 찾아 풀의 질긴 바깥쪽 가장자리를 물어뜯고 씹어 안쪽의 양분을 먹으려면 에너지를 써야 한다. 톰슨가젤은 땅 위에 있는 부위만 먹을 뿐 땅속의 뿌리줄기와 생장점 아랫부분은 내버려둔다. 게다가 위장에서 풀을 소화하느라 에너지를 열의 형태로 더 써야 하며 풀의 섬유질은 대부분 소화되지 않은 채 몸을 통과해 대변으로 배출된다. 여느 초식동물과 마찬가지로 톰슨가젤은 식물이 태양으로부터 받아들인 에너지의 일부밖에 쓰지 못한다. 비효율적이다. 식물과 초식동물 사이에는 에너지 손실이 발생한다. 소와 영양이 온종일 먹어야 하는 것은 이 때문이다.

먹이사슬 단계 사이에서 발생하는 에너지 손실은 초식동물과 육식동물 사이에서도 일어난다. 치타는 전속력으로 달아나는 톰슨가젤을 잡을 만큼 빠른 유일한 포식자인데, 그럴 기회를 찾느라 하루의 대부분을 보낸다. 추격을 시작해도 대부분의 경우는 먹 잇감을 잡는 데 실패한다. 성공해도 가젤이 풀로부터 흡수한 에너지의 극히 일부만 얻을 뿐이다. 대부분의 에너지는 가젤이 풀을 찾고 무리와 상호작용을 하고 치타를 발견해 달아나느라 이미 써버렸다. 게다가 치타는 톰슨가젤의 살만 먹으므로 뼈, 힘줄, 피부, 털에 저장된 에너지는 하나도 얻지 못한다.

먹이사슬을 올라갈 때마다 이렇게 에너지 손실이 발생하기에 야생동물의 개체 수는 피라미드 형태를 이룬다. 세렝게티에서는 포식자 한 마리당 먹잇감 동물이 100마리 이상이다. 자연의 엄연한 현실 때문에 대형 육식동물의 수가 많아지는 것은 불가능하다.

인간은 초식동물도 육식동물도 아니다. 우리는 잡식동물로, 해부학적으로 동물과 식물을 둘 다 소화할 수 있다. 하지만 전 세계가 점차 부유해짐에 따라 식단의 규모와 균형이 달라진다. 부유한 사람이 먹는 육류가 해마다 늘어나며 이것이야말로 지속 가능하지 않은 농지 수요의 주원인이다. 내가 어릴 적에는 음식이 비교적 비쌌다. 그때는 지금보다 대체로 덜 먹었으며 육류는 확실히 덜 먹었다. 어쩌다 맛보는 별미였다.

세계가 부유해짐에 따라 많은 이들에게 육류가 평상시 식사가 된 것은 근래의 일이다. 거기다 육류 생산이 산업화되면서 가격도 낮아졌다. 소비 행태가 으레 그렇듯 육류 섭취 또한 전 세계에 고르게 퍼지지 않았다. 오늘날 미국인은 해마다 평균 120킬로그램 이상의 육류를 먹는다. 유럽인은 60~80킬로그램을 먹는다. 이에 반해 케냐인은 평균 16킬로그램을 먹으며, 종교적 이유로 채식주의가 일반적인 인도에서는 4킬로그램 미만이다.[25]

식탁 위의 육류 한 점을 만들기 위해서는 매우 넓은 땅이 필요하다. 오늘날 전 세계 농지의 80퍼센트(농지 50억 헥타르 중 40억 헥타르) 가까이가 육류와 유제품 생산에 쓰인다. 북아메리카와 남아메리카를 합친 면적과 맞먹는다. 놀랍게도 이 면적의 대부분에는 가축이 한 마리도 없다. 대신 콩 같은 작물을 키운다. 종종 다

톰슨가젤(에우도르카스 톰소니*Eudorcas Thomsonii*)

©리지 하퍼

른 국가를 위해, 전적으로 소, 닭, 돼지의 사료용으로만 재배한다. 이 때문에 가축에 실제로 필요한 면적이 과소평가되기 쉽다.

부유한 국가 국민이 주문하는 육류는 자국에서 기른 것일지도 모르지만, 그 동물의 사료 중 일부는 열대 국가에서 왔으며 이런 사료작물을 기르느라 숲과 초원이 파괴된다. 농지가 여전히 확대되는 곳은 대부분 이런 열대 국가이며, 전 세계가 점점 고기 맛을 선호하는 것이 첫 번째 이유다.

육류를 통틀어 생산 과정에서 평균적으로 가장 큰 피해를 일으키는 것은 쇠고기다. 쇠고기는 우리가 먹는 육류의 약 4분의 1을 차지하며 열량의 2퍼센트만을 공급하지만, 농지의 60퍼센트가 소 사육에 쓰인다. 쇠고기 생산에 필요한 킬로그램당 땅 면적은 돼지고기나 닭고기의 15배에 이른다. 오늘날 가장 부유한 국가에서 사람이 먹는 양의 쇠고기를 미래에 모든 사람이 먹는 것은 도저히 불가능하다. 지구에는 그럴 만한 땅이 없다.

어떤 식단이 공정하고 건강하고 지속 가능한지, 사람과 지구에 이로운지 알아내기 위해 수많은 연구가 실시됐다. 연구자의 공통된 견해는 미래에 육류, 특히 적색육을 부쩍 줄이고 **채식 위주**의 식단으로 돌아서야 한다는 것이다.[26] 이렇게 하면 농지 면적과 온실가스 배출량이 줄어들 뿐 아니라 우리도 훨씬 건강해진다. 연구에 따르면 육류를 덜 먹으면 심장병, 비만, 일부 암 발병률이 최대 20퍼센트 낮아지며 2050년까지 전 세계적으로 1조 달러의 의

료비가 절감된다고 한다.[27]

하지만 육류를 먹고 가축을 기르는 것은 많은 사람의 문화, 전통, 사회생활에서 중요한 부분을 차지한다. 육류 생산은 전 세계 수많은 사람의 생계 수단이며, 많은 지역에서는 유일한 수단이다. 현재 식단을 채식 위주로 바꾸려면 어떻게 해야 할까? 내가 보기에 이것은 우리가 앞으로 몇십 년에 걸쳐 추진해야 할 또 다른 사회 대변혁이다. 일상에서 화석연료를 없애는 것과 더불어 육류와 유제품 의존도를 줄여야 한다. 이 변화는 이미 시작됐다.

조사에 따르면 영국인의 3분의 1이 육류 소비를 그만두거나 줄였으며 미국인의 39퍼센트는 식물성 식품을 더 많이 먹으려 적극적으로 노력한다.[28] 그 밖에도 많은 국가에서 비슷한 추세가 관찰된다. 실제로 나는 갑작스러운 결단을 내리지 않고도 요 몇 년간 점진적으로 육식을 줄이다 결국 끊었다. 이것이 전적으로 내 의지에 따랐다거나 이렇게 해서 뿌듯하다고 말할 순 없지만, 육류가 그립지 않아서 놀랍긴 하다. 식품 산업 전체가 이 추세에 부응할 방법을 모색한다.

규모가 가장 큰 패스트푸드 체인과 슈퍼마켓은 **대체 단백질**을 실험한다. 모양, 식감, 맛이 육류나 유제품과 비슷하지만 동물 복지 관련 문제나 축산 관련 환경 영향을 일으키지 않는 식품이다. 우유, 크림, 닭고기, 햄버거의 식물성 대체 식품은 손쉽게 구할 수 있는데, 일부는 원래 식품과 놀랄 만큼 비슷하며 우리에게 필요한 영양소가 모두 들었다. 콩이 주성분이지만, 이런 제품을 먹으면 (육식동물보다는) 초식동물의 입장에 서게 된다. 따라서 콩을 먹여 키운 동물을 먹는 것보다는 환경에 훨씬 '덜' 해롭다.

언젠가는 **청정육**이 슈퍼마켓 진열대에 오를 것이다. 이런 제품의 원료는 세포배양으로 만든 실제 동물성 조직이다. 청정육 생산은 가축을 기르지 않기에 매우 효율적이다. 배양세포에는 필수 영양소로 만든 정제된 생장 배지를 먹인다. 물, 에너지, 공간이 별로 필요하지 않으며 동물 복지 문제도 훨씬 줄어든다.

게다가 생명공학이 발전하면 미생물을 써서 거의 모든 단백질과 복잡한 유기물 식품을 주문형으로 생산하는 것도 가능하다. 일부 식품은 생산할 때 공기와 물 말고는 들어가는 것이 거의 없으며 재생에너지를 쓴다.

지금은 이런 대체 단백질을 생산하는 데 비용이 많이 든다. 아직 기술이 다듬어지지 않았기 때문이다. 사람이 먹어도 되는지 검증되지 않은 것도 있다. 또 어떤 것은 과도한 가공을 거쳐 비판받기도 한다. 하지만 이런 식품의 생산비가 쇠고기, 닭고기, 돼지고기, 유제품, 어류만큼 저렴해지면 금세 식품 공급망의 혁명이 일어날 것이다.[29]

다짐육, 소시지, 닭 가슴살, 유제품처럼 쉽게 대체할 수 있는 식품은 수십 년 안에 대체 단백질로 바뀔지도 모른다. 고급 스테이크나 치즈, 훈제 육류 같은 특수 제품은 여전히 전통적 방법으로 생산되겠지만, 인간은 훨씬 좁은 땅으로 먹고살 수 있으며 에너지와 물을 훨씬 덜 쓰고 온실가스를 훨씬 덜 배출할 수 있다. 대체 단백질 혁명은 지구상에서 지속 가능하게 살아가려는 노력에 일조한다.

국제연합식량농업기구 추산에 따르면 농업 효율성만 지금 속도로 개선해도 2040년경에는 **농지 정점**에 닿는다.[50] 그때가 되면 1만 년 전 농경이 발명되고 처음으로 지구상에서 더 많은 공간을 농지로 바꿀 필요가 없어질지도 모른다. 하지만 지속 가능한 방식으로 소출을 급격히 늘리고, 지력이 고갈된 땅을 재생하고, 새로운 공간에서 농사를 짓고, 식단에서 육류를 줄이고, 대체 단백질의 효율을 활용하면 한발 더 나아가 토지 이용률을 역전시킬 수 있다.

추산에 따르면 우리는 현재 농지의 절반, 즉 북아메리카에 해당하는 면적만으로도 먹고살 수 있다. 매우 중요한 성과다. 우리에게는 농지에서 해방된 땅이 절실하기 때문이다. 땅은 생물 다양성을 늘리고 탄소를 포집하는 가장 중요한 과제의 바탕이다. 그리고 주변에서 벌어지는 청정 녹색혁명에 가장 큰 영향을 받을 농민의 역할이 막중하다.

땅의 재야생화

•

한때는 옛 유럽의 대부분이 깊고 울창한 숲으로 덮였다. 갓 생겨나 유럽 대륙에 띄엄띄엄 자리 잡은 소규모 농업 집단에게 숲은 적이었다. 변변찮은 밭이나마 가꿔 먹고살려는 안간힘을 가로막는 장벽이자 낯선 정령과 야생 산짐승에 쫓기는 두려움의 장소였다. 사람들은 밤이면 자녀에게 민담을 들려주면서 결코 숲에서 혼자 길을 잃지 말라고 경고했다. 늑대의 저녁거리가 될 거라고, 숲의 마법에 홀려 영영 헤맬 거라고, 마녀가 기다릴 거라고 말했다. 숲을 정복하는 벌목꾼과 사냥꾼은 영웅 대접을 받았다. 무지막지하게 뻗어 나가 잠자는 공주를 가두고 버려진 성을 집어삼키는 야생의 숲은 결코 퇴치할 수 없는 악당이었다.

농민은 온 힘을 다해 숲과 싸웠다. 밤나무, 느릅나무, 참나무, 소나무를 수없이 불사르고 베었으며 강가와 골짜기에서 몰아냈다. 숲에 사는 짐승을 죽이고 대가리를 벽에 걸었다. 나무를 변형하는 법을 익혔다. 물푸레나무, 개암나무, 버드나무를 밑동까지 잘라 길고 가느다란 줄기의 덤불숲으로 바꾸고 울타리, 이엉, 침대 기둥을 만들었다. 농장과 농민의 수가 늘었다. 두려움은 잦아들었다. 숲은 길들여졌다.

숲 파괴는 인간에 의해 벌어지며 인간의 지배력을 나타내는 상징이다. 진보와 숲 제거의 관계가 어찌나 밀접하던지 이를 정의

하는 모형이 있을 정도다. 한 국가의 **산림 전환**은 산림 전용에 뒤이은 **숲재생**을 일컫는데, 이는 발전도상국에서 시간이 흐름에 따라 일어나는 경향이 있다. 인구가 적은 소규모 자영농 집단으로 분산될 때는 숲을 조각내는 것 말고는 할 수 있는 일이 별로 없다. 하지만 이렇게만 해도 바람과 햇빛이 임지에 들어가 내부 환경을 바꾸고 종 구성에 영향을 미친다. 숲이 쪼개질수록 원래의 노숙림(인위적 교란이 없는 극상림_옮긴이)을 유지하기가 힘들어진다.

농민이 생산물을 교역하기 시작하면 시장경제가 주류가 되고 농장은 기업이 되며 밭이 많아지고 커진다. 경작지의 가치가 급등하며 남은 숲은 개간의 표적이 된다. 넓은 숲은 금세 밭 사이의 손바닥만 한 임지와 덤불숲으로 쪼그라든다. 하지만 시간이 흐르고 농사 기술이 발전해 소출이 늘고 도시가 농촌인구를 점차 유혹해 도시 생활을 받아들이도록 하고 농작물과 목재의 수입량이 늘면 농지의 필요성은 줄어든다. 언저리의 농지가 맨 처음 버려지며 숲이 복원되기 시작한다.

2차 세계대전 즈음 유럽의 대다수 지역은 산림 전환에서 숲의 순 면적이 늘어나는 숲재생 단계에 들어섰다. 유럽인의 진출에 따라 숲이 엄청난 속도로 사라진 미국 동부에서도 20세기 전반기에 숲재생이 시작됐다. 1970년 이후 미국 서부, 중앙아메리카 일부 국가, 인도, 중국, 일본 일부 지역에서도 숲이 복원됐다. 여기에는 눈여겨볼 사실이 있다. 이 모든 국가가 숲을 재생시킬 수 있었던 중요한 이유는 세계화 덕분에 저개발국으로부터의 농작물 및 목재 수입량이 늘었기 때문이다. 그러므로 열대지방에서는 숲 파괴가 여전히 성행한다. 이 위도에 속하는 많은 국가는 부유한 국가가 원하는 쇠고기, 팜유, 하드 우드를 생산하려 세상에서 가장 깊고 울창하고 야생적인 숲인 열대우림을 베어 낸다.

그렇다면 우리는 그들이 산림 전환을 최대한 일찍 끝내도록 독려해야 할까? 애석하게도 우리에게는 여유가 없다. 열대지방의 산림 전환이 제 속도로 진행되면 탄소가 대기로 배출되고 생물종이 역사책으로 사라져 전 세계가 재앙을 맞는다. 지금 당장 전 세계에서 모든 숲 파괴를 멈춰야 하며 아직 숲을 파괴하지 않은 국가가 숲을 잃지 않고도 혜택을 누리도록 투자와 무역으로 지원해야 한다.

말하기는 쉽지만 행하기는 어려운 법이다. 야생의 땅을 보전하는 일은 야생의 바다를 보전하는 것과는 전혀 다른 과제다. 공해는 주인이 없다. 영해는 국가의 소유이며 각국 정부는 타당한 판단에 따라 폭넓은 결정을 내릴 수 있다. 이에 반해 땅은 우리가 사는 곳이다. 넓이가 저마다 다른 수십억 개의 조각으로 나뉘어 수많은 기업, 국가, 지방, 개인에 의해 소유되고 매매된다.

땅의 가치는 시장에 의해 결정된다. 문제의 핵심은 야생지와 이 야생지가 제공하는 (포괄적이고 국지적인) 환경적 혜택의 가치를 계산할 방법이 없다는 데 있다. 종이 위에서는 우림 100헥타르의 가치가 기름야자 농장보다 낮다. 따라서 야생지를 파괴하면 오히려 가치가 창출된다. 이 상황을 타개하는 유일한 현실적 방안은 가치의 의미를 바꾸는 것이다. 국제연합의 레드플러스 사업은 바로 이 일을 하려는 시도다.[31] 이는 전 세계의 마지막 남은 우림에 저장된 어마어마한 탄소에 가격을 매겨 적절한 가치를 부여하는 방법이다. 이렇게 하면 숲을 야생 상태로 보전하는 사람과 정부에 대가를 지급할 수 있으며, 비용의 일부는 탄소 배출권 거래로 충당한다. 이론상 레드플러스는 반드시 효과를 발휘한다.

하지만 현실에서는 땅 소유와 가치에 결부된 복잡한 사안 때문에 까다로운 문제가 발생한다. 토착민은 레드플러스가 숲의 가치를 한낱 돈다발로 전락시키고 새로운 형태의 식민주의를 부추긴다며 항의했다. 금전적 이익을 노린 이른바 '탄소 카우보이'가 외국에서 몰려 가치 있는 우림을 닥치는 대로 사들였다. 열대지방에서 탄소 배출권을 거래할 수 있는 시스템이 만들어지면 거대 산업이 레드플러스를 핑계 삼아 화석연료 이용을 정당화하리라 우려하는 사람도 있다.

뭔가가 가치를 부여받을 때 그것이 인간에 내재한 탐욕을 끌어내는 것은 서글픈 현실이다. 레드플러스가 남아메리카, 아프리카, 아시아의 기존 사업에서 교훈을 얻는다면, 접근법을 어떻게 개선해야 할지 알 수 있다. 우리에게는 레드플러스 같은 것이 정말로 필요하니까.

레드플러스는 자연이 기본적으로 가치를 인정받지 못하는 문제를 해결하려는 담대한 시도다. 우리는 자연을 보전해야만 한다. 여기에 담긴 기본적 진실은 누구나 본능적으로 안다. 지구의 마지막 숲, 우림, 습지, 초원, 임지는 값을 따질 수 없다. 이곳은 우리가 결코 열어서는 안 되는 탄소 저장고다. 이곳의 환경적 혜택은 우리에게 반드시 필요하다. 이곳은 결코 잃어서는 안 되는 생물 다양성의 보금자리다. 이 모든 것을 우리의 가치 체계에서 어떻게 나타낼 수 있을까?

어쩌면 화폐를 바꿔야 할지도 모르겠다. 탄소를 포집하고 저장하는 양만으로 자연의 가치를 매기면 탄소만 중시할 위험이 있다. 그러면 자연이 우리에게 선사하는 가치를 지나치게 단순화할 뿐 아니라 속성으로 자라는 유칼립투스 농장의 가치를 생물 다양성이 풍부한 숲의 그것과 같다고 착각할 수도 있다. 그러면 식량 생산에 필요하지 않은 농지를 숲으로 복원하는 것이 아니라 바이오에너지 작물을 홑짓기(한 농경지에 한 종류의 농작물만을 심어 가꾸는 것_옮긴이)하는 쪽을 선택할지도 모른다.

탄소를 포집하고 저장하는 일은 극히 중요하지만 그게 전부는 아니다. 이것만으로는 여섯 번째 대멸종을 막을 수 없다. 안정되고 건강한 세상을 만들려면 생물 다양성을 키워야 한다. 어쨌든 우리가 생물 다양성을 늘리면 탄소의 포집과 저장이 자동적으로 극대화된다. 서식처의 생물 다양성이 클수록 포집 및 저장의 효율이 커지기 때문이다. 생물 다양성이 올바른 가치를 부여받고 땅 주인이 어디서든 어떻게든 그 가치를 높일 동기를 부여받으면 어떤 일이 생길까?

마법 같은 일이 벌어진다. 일차 우림, 노숙 온대림, 천연 습지, 자연 초지가 순식간에 지구상에서 가장 귀중한 부동산이 된다! 이 야생지 주인은 땅을 계속 보호하는 대가를 받는다. 숲 파괴는 당장 중단된다. 기름야자나무나 콩을 심을 최적지는 원시 우림이 들어선 땅이 아니라 오래전에 개간된 땅임을 금세 깨닫는다. 어쨌거나 그런 땅은 얼마든지 있다.

우리는 순수한 야생지의 생물 다양성이나 탄소 포집 능력을 훼손하지 않고도 그곳을 이용하는 방법을 찾으려 한다. 그런 방법은 실제로 존재한다. 새로운 치료제나 재료가 될 만한 미지의 유기 분자를 찾기 위해 원시 우림을 신중하게 탐사하는 일은 허용된다. 다만 지역사회의 동의를 받아야 하며 숲을 지키는 사람에게 그로 인한 상업적 이익을 소득으로 분배해야 한다. 나무를 선별해 숲의 자연 천이를 흉내 낸 속도로 신중하게 벌목하는 지속 가능한 벌목[32]도 허용된다. 이 방법은 생물 다양성을 보전할 수 있는 것으로 밝혀졌다.[33] 보호받는 자연의 경이로움을 모두가 경험하게 하는 생태 관광은 야생지에 별다른 영향을 미치지 않으면서도 많은 소득을 가져다준다. 실은 향후 야생지가 늘수록 관광객은 더욱 분산된다.

원시적 야생지와 맞닿은 모든 땅을 확장하고 재생하려는 욕구도 커진다. 이 일을 주도하기에 가장 적격인 집단은 야생지 안팎에서 살아가는 현지 주민과 토착민의 공동체다. 보전 사업의 경험에서 교훈을 얻을 수 있는데, 긍정적 변화가 장기적으로 지속되려면 지역사회가 계획 추진에 온전히 동참하고 생물 다양성 증가의 혜택을 직접 느껴야 한다. 케냐의 사례가 이를 잘 보여 준다. 마사이족은 목축 부족으로, 세렝게티에서 수백 년간 야생동물 곁에서 소와 염소를 방목했다. 그들은 주변의 야생동물을 잡아먹지 않는다. 포식자가 가축을 해마다 몇 마리씩 잡아먹어도 감내한다.

케냐가 발전하면서 마사이족도 인구가 늘었다. 그러자 가축을 과방목하면서 문제가 생기기 시작했다. 주변 야생동물이 사라지기 시작했다. 이에 맞서 마사이족 농가는 야생동물이 돌아오도록 **보전구역**을 정하기로 마음을 같이했다. 그들은 더 많고 다양한 초식동물을 끌어들이고 이를 통해 포식자까지 끌어들임으로써 식생이 모자이크처럼 다양화되도록 목축 방식을 바꾸는 데 동의했다.

보전구역이 재야생화되는 과정에서 농가는 허가권을 행사하여 자신의 땅에서 환경 영향이 적은 사파리 민박만 운영되도록 했다. 그 덕에 모형이 효과를 발휘하기 시작한다. 야생동물이 더 많이 돌아올수록 사파리 민박 방문객이 늘고 마사이족의 소득도 늘어난다. 정책 시행 몇 년 만에 일부 마사이족 농가는 야생동물 개

〈다이너스티 Dynasties〉에서 마사이마라를 이동하는 사자 가족

©사이먼 블래크니

체 수를 늘리려 가축 수를 줄이기 시작했다.

2019년 내가 이 보전구역을 방문했을 때 젊은 세대의 마사이족 원주민은 야생동물의 가치를 가축보다 높이 평가한다고 선뜻 응답했다. 이제 인근 마사이족도 이들의 성공을 보고 보전구역 모형을 받아들인다. 보전구역이 야생동물 통로를 통해 그물망처럼 연결되면 몇십 년 안에 빅토리아호 기슭에서 인도양까지 뻗은 야생 초원을 가꿀 수 있을지도 모른다. 이는 순전히 생물 다양성이 현실적으로도 엄연한 가치가 있다는 인식 덕분이다.

오래전 경작지로 변한 유럽의 땅에서도 야생이 돌아오는 희망을 품을 수 있다. 식량 생산에 필요한 공간의 수요가 줄면서 유럽 정부는 생물 다양성과 탄소 포집이 극대화되는 방식으로 토지가 이용되도록 농민 보조금을 활용할 의사를 밝히고 있다.[54] 정책이 시행되면 수백만 헥타르의 유럽 농지에서 주목할 만한 효과를 거둘 수 있다. 이를테면 기존 울타리가 산울타리로 대체되고, 나무 아래서 작물을 재배하는 혼농림이 폭발적으로 증가한다. 농장의 연못과 도랑이 복원된다. 생물 다양성을 해치는 주범인 살충제와 비료는 매력을 잃는다. 그 대신 유해 조수를 끌어들이지 않는 작물을 심고 자연스럽게 지력을 회복하는 재생 기법을 채택한다.

이 야생의 접근법을 가장 반길 사람은 축산업자일 것이다. **채식 위주 식단**을 받아들인 소비자는 (주식이 아니라) 별미가 된 육류를 간간하게 고르며 양보다 질을 따진다. 탄소를 포집하고 야생을 복원하는 방식으로 기른 쇠고기, 양고기, 돼지고기, 닭고기를 찾는 사람도 생긴다. 이에 발맞춰 축산 농민은 집약적 감금 축사와 상자식 닭장에서 수입 사료를 먹이는 방식에서 **임간축산**(가축을 1년 내내 임지에서 기르는 방식)으로 돌아선다. 생산량은 집약적 농법에 비해 훨씬 적겠지만 지구 친화적 제품이라는 이유로 더 높은 가격을 매길 수 있다. 방목지의 나무는 가축이 배출하는 탄소를 상쇄할 뿐 아니라 그늘과 피난처를 제공하여 가축의 건강과 번식력을 개선한다. 한편 가축은 땅을 기름지게 하고 잡초를 퇴치한다.

임간축산이 이토록 효과적인 이유는 간단하다. 자연의 상태를 재현하기 때문이다. 울창한 숲 지대가 되기 오래전 선사시대 유럽은 야생의 숲 사이사이에 초지가 모자이크처럼 자리 잡은 임간초지였다. 이 경관이 탄생한 것은 오록스라는 거대하고 사나운 들소, 타르판이라는 야생마, 유럽들소 떼, 말코손바닥사슴(엘크), 멧돼지 등 프랑스의 동굴 벽에 그려진 모든 동물이 풀을 뜯어 먹은 탓이었다. 잉글랜드 남부의 모험심 많은 축산업자 두 명이 이 자연적 공동체를 흉내 내고자 했다.

2000년에 찰리 버렐과 이저벨라 트리는 '넵 에스테이트'라는 1,400헥타르의 농장에서 과감한 시도를 벌였다.[55] 경작 한계지에서 농기계와 농약의 비용 상승으로 파산 위기를 맞자 평생 하던 상업적 농업을 버리고 농장을 야생으로 돌이키기로 마음먹었다.

목초지를 개방하고, 그 땅의 수천 년 전 종 구성에 맞춰 소, 조랑말, 돼지, 사슴의 품종을 골랐다. 그리고 짐승이 인위적이지 않은 조건에서 1년 내내 자유롭게 어울리고 돌아다니도록 했다. 이처럼 자연스럽게 어우러진 초식동물은 야생에서 이뤄지는 상호작용을 따라 하기 시작했다. 야생에서는 얼룩말과 뿔말이 초원에서 함께 풀을 뜯는다. 얼룩말은 키 크고 질긴 풀을 뜯고 뿔말은 자신이 소화할 수 있는 연하고 자잘한 풀을 뜯는다.

연구에 따르면 소와 당나귀를 이런 식으로 방목하면 따로 키울 때보다 몸무게를 부쩍 늘릴 수 있다. 야생 서식처에서는 이 밖에도 여러 상호적 효과가 작용한다. 이는 경관이 형성되는 방향을 정하는 데 중요한 역할을 하며, 넵 에스테이트에 변화를 가져왔다. 짐승은 선사시대 유럽의 야생동물 무리처럼 협력해 균일한 들판을 습지, 덤불, 관목지, 임지로 바꾸기 시작했다. 이 덕에 농장의 생물 다양성이 폭발적으로 커졌다. 고작 15년 만에 이곳은 희귀한 토종 식물, 곤충, 박쥐, 새를 볼 수 있는 잉글랜드 최고의 장소 중 하나가 됐다.

버렐와 트리의 **야생 농장**에서는 아직도 식량을 생산한다. 두 사람은 변화하는 경관이 해마다 떠받칠 수 있는 동물 개체 수를 감안해 잉여를 수확한다. 사실상 최상위 포식자의 역할을 하는 것이다.

넵 에스테이트는 목표를 세우거나 보호 종을 정하지 않는다

타르판/유라시아야생마(에쿠스 페루스 페루스*Equus Ferus Ferus*)

©리지 하퍼

는 점에서 보전 사업은 아니다. 단지 동물이 경관을 빚도록 할 뿐이며, 동물은 그 역할을 근사하게 해낸다. 넵 에스테이트에서는 생물 다양성이 기록적으로 늘었을 뿐 아니라 수 톤의 탄소가 토양에 격리돼 땅을 기름지게 하며 물길이 달라져 하류의 범람이 줄었다. 논란의 여지가 있긴 하지만 넵 에스테이트는 가축을 실제로 기르는 농장이면서도 영국의 옛 야생을 그 어느 곳보다 비슷하게 본떴다. 수많은 이가 그곳을 방문하고 싶어 한다. 에코사파리와 야생 캠핑은 육류 판매와 보조금을 보완하는 소득원이 됐으며 농장은 흑자로 돌아섰다.

생물 다양성에 적절한 보상이 이뤄지면 야생 농장이 일상화될 수 있다. 토착 동물군을 모방해 여러 가축을 함께 기르면 서식처를 자연 상태로 되돌릴 수 있다. 관광으로 추가 수입을 기대할 수 없다면 청정에너지 발전 등의 방법으로 소득을 보완할 수 있다. 오늘날 제작되는 대형 풍력발전기를 탁 트인 초원이나 (현재 독일에서 시범을 보이듯) 숲 위로 세우면 야생지의 발전을 방해하지 않고도 전기를 생산할 수 있다. 적절한 지원이 있으면 미래의 축산 농민은 단순한 식품 생산자에 머물지 않는다. 토양공학자, 탄소 거래인, 숲 관리인, 관광 가이드, 에너지 공급자, 야생 큐레이터다. 자신들 땅의 자연 잠재력과 지속 가능한 가치를 거두는 유능한 관리인이다.

생각건대 동기부여만 제대로 되면 야생 농장식 접근법의 규모를 키워 경관 전체를 바꿀 수도 있다. 생물 다양성을 감안하면 면적이 넓을수록 효과도 어김없이 커진다. 인근 땅 주인이 수익 공유에 찬성하면 모두 힘을 합쳐 마사이 보전구역과 비슷하게 경계선이 없는 드넓은 공원을 가꿀 수도 있다. 북아메리카 그레이트플레인스와 유럽 카르파티아산맥의 가파른 숲 계곡에서는 땅 주인이 연합해 수십만 헥타르를 생물 다양성 증진 사업에 할애한다.[36] 마음만 먹으면 얼마든지 가능하다.

야생 농장을 대규모로 시행하면 가장 근사한 논란거리인 재야생화 사업을 시도할 수 있다. 대형 포식자를 다시 들여오는 것이다. 생물 다양성과 탄소 포집에 대가가 지급될 경우 공간이 충분하다면 이 방법에도 일리가 있다. 이는 **영양폭포**라는 현상 덕분이다. 가장 유명한 사례는 1995년 늑대를 재도입한 옐로스톤 국립공원이다. 늑대가 돌아오기 전까지는 대규모 사슴 무리가 강 유역과 협곡에서 자라는 떨기나무(관목)와 어린나무를 줄기차게 뜯어먹었다. 늑대가 돌아오자 무분별한 초식이 멈췄는데, 이는 늑대가 사슴을 많이 잡아먹었기 때문이 아니라 사슴이 늑대를 두려워했기 때문이다. 사슴 무리의 행동 패턴이 달라졌다. 사슴은 들판에 오래 머물지 않고 뻔질나게 돌아다녔다.

6년이 채 지나기도 전에 나무가 다시 자라 강물에 그늘을 드리운 덕에 어류가 모여들어 몸을 숨길 수 있었다. 탁 트인 골짜기의 바닥과 경사면에는 애스펀(유럽사시나무), 버드나무, 미루나무가 돌아 덤불을 이뤘다. 산새, 비버, 아메리카들소의 수도 늘었다. 늑대는 코요테도 사냥했기에 토끼와 생쥐 개체군이 늘고 여우, 족제비, 매의 수도 늘었다. 마지막으로, 늑대가 죽인 사체를 얻어먹으면서 곰도 많아졌다. 가을이 되면 곰은 나무와 딸기나무의 열매를 배불리 먹었다. 오로지 늑대가 돌아온 덕분이었다.[37]

결론은 명백하다. 옐로스톤 같은 곳에서 생물 다양성과 탄소 포집을 달성하려면? 늑대를 풀어놓기만 하면 된다. 유럽에서는 이 사고방식을 적극적으로 받아들여 재야생화 계획을 추진 중이다. 유럽 대륙의 꾸준한 산림 전환으로 2030년까지 2,000~3,000만 헥타르의 농장이 유휴지로 바뀔 전망이다. 이탈리아와 맞먹는 면적이다. 자연적 재생을 통해 농장에 숲을 복원하겠다면 생물 다양성과 탄소 포집을 고려해 효율적으로 추진하는 것이 바람직하다. 자연에 참된 가치가 있고 이를 통해 안정성과 행복을 누릴 수 있음을 깨달은 각국 정부는 야생의 복원을 현실적 정책 방안으로 받아들인다.

이 모든 장려책이 시행되면 21세기 말의 세상은 21세기 초에 비해 훨씬 야생에 가까워진다. 올바른 동기부여로 이만한 성과를 거둘 수 있다는 게 미심쩍다면 코스타리카의 사례를 보기 바란다. 100년 전 코스타리카는 4분의 3 이상이 숲으로 덮였는데 그중 상당 부분이 열대우림이었다. 하지만 마구잡이식 벌목과 개간 때문에 1980년대에는 숲 면적이 전체의 4분의 1로 줄었다.

숲 파괴가 계속되면 야생지의 환경적 혜택이 줄어들 것을 우려한 정부는 조치를 취하기로 결정하고는 토종 나무를 다시 심는 땅 주인에게 보조금을 줬다. 불과 25년 만에 코스타리카의 절반 이상이 다시 숲으로 덮였다. 이제 야생지는 국가 소득의 중요한 부분을 차지하며 국가 정체성에서도 핵심적 역할을 한다.

지구적 규모에서 이런 성과를 거두면 어떨지 상상해 보라. 2019년 연구에 따르면 나무를 복원할 경우 인간 활동으로 발생해 대기 중에 남은 탄소 배출량의 3분의 2를 (이론상) 흡수할 수 있다.[38] 땅의 재야생화는 우리의 역량으로 가능한 과제이며, 의심의 여지없이 가치 있는 일이다. 지구 곳곳을 야생지로 바꾸면 생물 다양성이 복원되며 생물 다양성은 자신의 장기를 살려 지구를 안정시킬 것이다.

인구정점을 대비하는 계획
•

지금까지는 우리의 소비로 인한 생태 발자국을 줄이고 자연을 가급적 다양한 방식으로 복원되는 일에 초점을 맞췄다. 우리가 이 모든 조치를 진심으로 받아들이면 지구에 미치는 전반적 영향을 부쩍 줄일 수 있다. 가장 부유한 이들, 현재 생태 발자국이 가장 큰 이들조차도 지속 가능한 삶에 한발 다가갈 것이다. 이러면 인

코스타리카 산카를로스 보카타파다의 무지개큰부리새

©빌 고잔스키/앨러미

류 전체의 환경 영향이 더 고르게 분산된다. 하지만 모든 사람이 유한한 자원의 공정한 몫을 차지하는 안정된 세상(도넛 모형이라는 원대한 이상)을 달성하려면 인구 수준을 염두에 둬야 한다.

내가 태어났을 때 전 세계 인구는 20억 명에 못 미쳤지만 오늘날에는 그 네 배에 육박한다. (1950년 이후 어느 때보다 느려지기는 했지만) 전 세계 인구는 계속 늘고 있다. 국제연합 추산에 따르면 2100년 즈음 지구상에는 94~127억 명이 살 것이다.[39]

야생에서는 서식처의 동식물 개체군이 생태계의 나머지 구성원과 균형을 이루므로 시간이 지나도 안정된 규모가 유지된다. 개체 수가 너무 많아지면 각 개체가 서식처에서 필요한 것을 얻기가 힘들어지며 일부는 죽거나 서식처를 완전히 떠날 것이다. 그러다 태어나는 개체가 너무 적어지면 삶이 여유로워진다. 이제 번식이 활발해져 종은 다시 한번 온전한 잠재력에 닿는다. 각 종의 개체군은 조금씩 늘고 줄면서 서식처가 지탱할 수 있는 수를 무한정 오르락내리락한다. 이 개체 수를 특정 종에 대한 환경의 **수용력**이라고 하는데, 이는 자연의 균형 자체를 나타낸다.

인간에 대한 지구의 수용력은 얼마일까? 역사를 통틀어 위대한 사상가가 합리적 제안과 무시무시한 경고를 내놨지만 우리는 아직 한 번도 자연적 인구 한계에 닿지 않았다. 우리는 인구 증가에 발맞춰 식량, 주거, 물 같은 필수품을 공급하기 위해 환경을 이용하는 새로운 방법을 늘 발명하거나 발견하는 것처럼 보인다.

실상은 더 인상적이다. 인구가 엄청난 속도로 늘어나는데도 우리는 학교, 상점, 오락 시설, 공공기관 등 필수품보다 훨씬 많은 것을 수월하게 공급한다. 과연 우리를 멈출 것은 아무것도 없을까?

주변에서 펼쳐지는 재앙은 분명 아니라고 말한다. 생물 다양성 감소, 기후변화, 지구 한계에 대한 압박에 이르기까지 모든 것은 마침내 우리가 지구의 인간 수용력에 빠르게 접근하고 있다는 결론을 가리킨다. 1987년 이후 해마다 '지구 생태 용량 초과의 날'이 발표되고 있다. 이는 그해 인간의 소비가 그해 지구의 자원 재생 능력을 초과하는 시점을 나타낸다.

1987년에는 10월 23일에 생태 용량이 초과됐다. 2019년에는 7월 29일에 바닥났다. 인간은 지구가 1년 안에 재생할 수 있는 자원의 1.7배를 쓴다.[40] 이 수치의 60퍼센트는 우리의 탄소 배출 생태 발자국으로 인한 것이지만 자연에 대한 우리의 수요가 얼마나 과도해졌는가도 똑똑히 보여 준다. 이 용량 초과야말로 지속 불가능성의 핵심이다. 우리는 지구 자원의 원금을 써 버려 수용력을 쪼그라뜨린다. 우리 앞에 놓인 재앙은 지구가 초과 사용에 대한 청구서를 내놓을 때 현실이 된다.

앞에서 설명한 모든 방식으로 우리의 소비가 미치는 영향을 줄이면 지구의 수용력을 다시 한번 효과적으로 늘려 더 많은 사람이 지구를 공유하도록 할 수 있다. 하지만 모든 사람에게 정당한 몫을 나눠 주고 도넛 모형에서 언급하는 대로 모든 사람의 삶을 개선하려면 인구 성장이 안정돼야 한다. 다행히도 증거에 따르면 모든 사람의 삶을 개선하면 정말로 그렇게 된다.

인구변천은 경제가 발전하는 동안 국가가 어떤 경로를 따르는지 보여 주는 지리학 용어다. 여기에는 네 단계가 있지만, 마지막 4단계에 도달하지 않은 국가가 여전히 많다. 인구변천의 단계를 나타내는 기준 중 하나는 출생률과 사망률의 변화다. 국가는 발전 경로를 따라 이동하면서 인구 급증에 이어 안정적 정체 상태에 이른다. 말하자면 성숙하는 것이다. 일본은 20세기에 이 변천을 거쳤다.

일본은 수천 년간 1단계에 머물렀다. 이는 농업을 기반으로 한 '전'산업사회로, 가뭄, 홍수, 전염병 같은 재난에 취약하다. 출생률은 높았지만 사망률도 높아서 인구는 거의 변하지 않은 채 수백 년에 걸쳐 느릿느릿 늘었다. 하지만 1900년이 되자 급속한 산업화가 추진됐다. 19세기 일본 정부는 유럽의 식민지가 되지 않겠다 결심하고는 '부국강병' 정책을 추진했다. 과학, 공학, 운송, 교육, 농업에 대한 막대한 투자는 일본 사회를 바꿨다. 일본은 산업화를 통해 (출생률이 여전히 높지만 사망률이 낮은) 2단계에 진입했다. 산업화로 식량 생산, 교육, 보건, 위생이 개선되자 전국적 사망률이 급감했다. 여성은 예전처럼 너덧 혹은 대여섯 명을 낳았기에 인구가 급증하기 시작했다. 1955년이 되자 인구는 1900년의 두 배인 8,900만 명으로 늘었다.

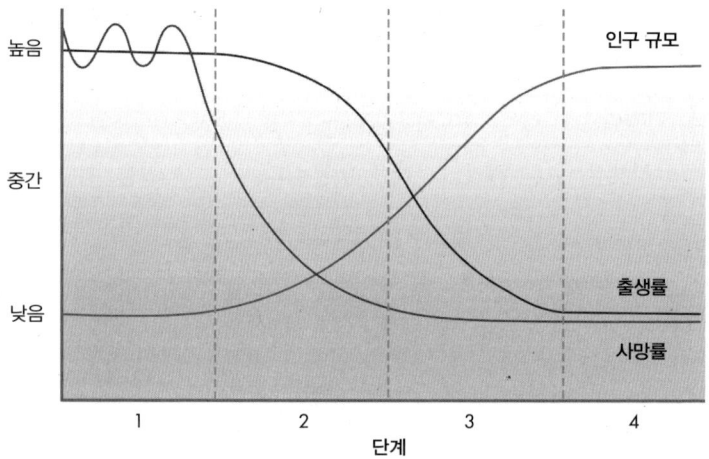

인구변천 모형

©메건 스페치

2차 세계대전 직후 연합군의 감독을 받는 패전국 일본은 군사적 야심을 포기하고 세계경제에 편입돼 국가를 재건하는 수밖에 없었다. 대가속이 시작되면서 세탁기, 텔레비전, 승용차 같은 소비재 수요가 급증했을 때 일본은 기술 공급을 전담할 적임자였다. 덕분에 1950년대 초와 1970년대 초 사이에 이른바 기적적 성장이 벌어져 도시가 빠르게 팽창하고 소득이 늘고 경제가 발전하고 기대감이 커졌다.

하지만 중요한 대목은 이 기간에 출생률이 급감했다는 사실이다. 1975년 즈음 평균 가구는 자녀를 둘만 낳았다. 대다수 삶의 많은 측면이 개선됐지만 더 비싸지기도 했다. 가족을 부양할 공간, 돈, 시간이 줄었으며 식단과 보건의 향상으로 아동 사망률이 낮아지면서 대가족을 꾸리려는 유인도 줄었다. 일본은 사망률이 낮게 유지되지만 출생률도 낮아지는 3단계를 지났다. 가족 규모가 줄면서 인구 성장이 꺾이기 시작했다. 성장곡선은 정점에 가까워졌다.

2000년이 됐을 때 일본 인구는 1억 2,600만 명이었다. 현재도 똑같다. 인구는 정체기를 맞았다. 일본은 변천의 4단계에 들어섰다. 출생률과 사망률이 둘 다 낮아져 다시 한번 서로를 상쇄하기에 인구는 안정상태를 유지한다. 일본의 인구 폭발은 일시적인 일회성 사건이었으며 대가속이 가져온 사회 발전으로 결국 멈췄다.

이 4단계 인구변천은 오늘날 전 세계 모든 국가에서 일어난다. 20세기 세계 인구의 거대한 도약은 수많은 나라가 인구변천의 2~3단계를 거친 결과였다. 이런 변천을 전 세계 인구에 대입할 수도 있다. 세계 인구가 해마다 늘어나는 속도는 일찍이 1962년에 정점을 찍었으며 그 뒤로 해마다 전반적으로 줄었다. 이는 세계 평균 인구가 2단계에서 3단계로 변천하는 사건이 그 시점에 일어났다는 뜻이다. 그 뒤로 전 세계 평균 가구 규모가 절반으로 줄었다. 1960년대 초에는 여성 한 명이 대개 다섯 명의 자녀를 낳았지만 오늘날은 평균 2.5명을 낳는다. 세계는 3단계의 끝에 접근하고 있다.[41]

물론 중대한 질문은 이것이다. 세계는 언제 4단계에 안착할까? 어느 시점에 세계 인구가 일본처럼 정점에 닿을까? 그것은 역사적 사건, 즉 인구학에서 말하는 **인구정점**이자 1만 년 전 농업이 시작된 뒤 처음으로 인구 증가가 멈추는 시점일 것이다. 지구상에서의 균형을 회복하는 여정의 이정표이기도 하다.

하지만 현실에서는 전 세계가 4단계에 닿아도 인구가 정점에 닿기까지 오랜 시간이 걸린다. 스웨덴 사회학자 한스 로슬링이 말하는 '불가피한 채움' 현상 때문이다.[42] 첫째, 전 세계 아동 수의 증가가 멈추는 **아동 정점**에 닿으려면 가구 규모가 충분히 작아져야 한다. 그런 다음 역사상 최대 규모의 자녀 세대가 20대와 30대, 즉 자신이 자녀를 가지는 시기를 거칠 때까지 기다려야 한다. 그제야 인구가 정체하기 시작한다. 한마디로 가족 규모가 최대한

푸른 행성을 위한 증언

작아져 '어머니 정점'을 지났을 때에만 인구 성장이 멈춘다.

이에 더해 지구상의 총 인구수를 부풀리는 또 다른 긍정적 추세가 있는데, 그것은 바로 기대 수명의 연장이다(나도 여기 해당한다). 각국이 인구변천을 거치며 발전함에 따라 기대 수명은 빠르게 늘어난다. 높은 아동 사망률, 질병, 열악한 식단이 일상이던 1단계에서는 수명이 40년가량이다. 4단계가 되면 그보다 두 배 오래 산다.

사실 21세기 중엽이 되면 65세 이상 인구수가 5세 미만 아동의 두 배를 넘는다. 이 불가피한 채움은 인구에 거대한 운동 관성을 부여한다. 이는 한 세기 전 인구 급증이 시작될 때 겪은 정지 관성과는 반대이며, 이 때문에 21세기 안에는 인구정점에 닿을 가능성이 희박하다.

2019년 국제연합 인구국에서는 세계 인구 전망을 발표했다. 이에 따르면 전 세계 인구변천이 우리의 예상대로 전개될 경우 인구는 22세기 초에 (지금보다 32억 명 늘어난) 약 110억 명에서 정점에 닿는다. 다만 곡선의 성질 때문에 2075년부터는 인구 증가가 비교적 미미하다. 이 시점은 앞으로 55년밖에 남지 않았다. 하지만 인구정점을 앞당기거나 낮출 방법은 없을까?

중국은 1980년에 한 자녀 정책을 시행하면서 그것이 해답이라고 생각했다. 도덕적 문제, 정책 집행의 어려움, 이와 결부된 사회적·문화적 혼란은 차치해도 이런 접근법이 경제 발전보다 빠른 효과를 낸다는 증거는 거의 없다. 여섯 명이던 중국의 가구당 평균 자녀 수가 한 명을 살짝 웃도는 수준으로 떨어졌을 즈음 타이완은 한 자녀 정책을 쓰지 않고도 자연적 변천을 빠르게 통과하는 것만으로 자녀 수가 훨씬 급감했다.[43]

인구 증가를 억제하는 최선의 방법은 인구변천을 앞당기려는 국가를 지원하는 것이다. 현실적으로 보자면 발전도상국이 도넛 모형의 목표를 최대한 빨리 달성하도록 도와야 한다. 빈곤에서 벗어나고 보건 의료망, 교육체계, 개선된 운송망, 안정된 에너지 공급망을 구축해 매력적인 투자처가 되도록 해야 한다. 실은 사람의 삶을 개선하는 것이라면 무엇이든 효과가 있다. 이런 사회적 개선을 통틀어 가족 규모를 현저히 줄이는 데 무엇보다 효과적인 방법은 여권 신장이다.[44]

여성에게 투표권이 있고 여자아이가 더 오래 학교에 다니고 여성이 남성에게 지배받지 않은 채 스스로 삶을 꾸리고 좋은 의료 서비스와 피임의 혜택을 누리고 어느 직업이든 가질 수 있고 더 높은 인생 목표를 품을 수 있는 곳에서는 어김없이 출생률이 낮다. 이유는 간단하다. 권리 신장은 선택의 자유를 주며 여성은 삶의 선택지가 많아졌을 때 종종 자녀를 덜 낳는 쪽을 고르기 때문이다. 여권 신장이 빠르고 전면적일수록 국가가 인구변천의 4단계에 닿는 속도도 빨라진다.

여권 신장은 여러 형태로 이뤄질 수 있다. 인도의 일부 농촌

만데시재단의 자전거 사업에서는
인도 농촌 여학생이 학교에 다니도록 자전거를 준다.

©만데시재단

지역에서는 열네 살 넘어서 학교에 다니는 여자아이가 40퍼센트에 불과하다. 고등학교까지의 거리가 너무 멀어서 십 대 여자아이는 낮에 학교를 갔다 와서 집안일까지 할 시간이 없다. 이에 따라 여러 주 정부와 자선단체에서 자전거 수십만 대를 무상 제공했는데, 이렇게 자유를 얻자 여학생의 출석률이 부쩍 늘었다. 이제는 여학생이 무리 지어 자전거를 탄 채 인도 농촌의 들판을 누비며, 학업을 끝마치는 일이 흔하다.

오스트리아 비트겐슈타인연구소의 연구에서 보듯 전 세계 교육의 질을 끌어올리기 위해 여러 나라가 열심히 노력하면 세계 인구 성장의 추이가 급격히 달라진다.[45] 그중 한 전망에서는 21세기 세계 최빈국의 교육체계가 20세기에 가장 빨리 발전한 국가만큼 빠르게 개선되면 무슨 일이 일어날지 계산했다. 이 급행 시나리오에서는 세계 인구가 이르면 2060년에 89억 명으로 정점에 닿는다. 놀라운 결과다. 사회와 교육에 투자하는 것만으로 세계 인구정점을 20억 명 이상 줄이고 시점을 50년가량 앞당길 수 있다니 말이다. 추정치에 일부 오류가 있더라도 이 모형을 현실 사례와 접목하면 극빈층의 삶을 적극적으로 개선해 전 인류의 미래 전망을 밝히는 명확한 길이 우리 앞에 드러난다.

빈곤 구제와 여성 권리 보장은 빠른 인구 성장의 시기를 끝내는 가장 신속한 방법이다. 그러니 하지 않을 이유가 어디 있겠는가? 이는 단지 인구 문제가 아니다. 모든 사람에게 공정하고 정의로운 미래를 만드는 문제다. 우리에게 더 큰 삶의 기회를 주는 것은 틀림없이 우리 모두가 원하는 일이니 말이다. 이는 경이로운 상생 해법이며 지속 가능성으로 향하는 길에서 반복되는 주제다. 세상을 재야생화하기 위해 우리가 할 일은 대부분 어차피 해야 할 일이다.

***

우리가 마침내 인구정점에 닿으면 그것은 대단한 사건이지만 여정의 끝은 아니다. 인구변천에 5단계가 존재한다는 증거가 일부 있다. 일본의 인구는 현재 줄어드는 중이다.

일본 인구는 2060년대에 1억 명에 닿을 것으로 예측되는데, 이는 1960년대와 비슷한 수치다. 일본 인구는 줄어드는 것과 더불어 노령화한다. 즉, 노인 비중이 점차 커진다. 이러면 경제적으로 심각한 문제가 생긴다. 줄어드는 노동인구가 늘어나는 노령 인구를 떠받쳐야 한다. 실제로 이 과정은 이미 시작됐으며, 다섯 번째 변천 단계를 맞닥뜨린 최초의 국가 중 하나인 일본에서는 여기에 어떻게 대처할지를 놓고 많은 탐구가 진행된다. GDP를 끝없이 키우라는 압박을 받는 정치인은 미래 노동자를 공급하기 위해 출생률을 높여야 한다거나 은퇴한 일본인이 중년층의 세금 부담을 덜어 주려 일터에 복귀해야 한다고 촉구한다.

모든 분야에 로봇과 인공지능을 들여와 경제를 유지해야 한다고 주장하는 사람도 있다. 성장 의존도가 낮아지는 방향으로 세계경제가 나아간다면, 일본은 경제 성과를 무턱대고 추구하는 경향을 누그러뜨려 더 성숙하고 든든한 세상에서 더 적은 인구가 살아가는 안락한 평형을 찾고, 나머지 국가도 그 뒤를 따르리라 기대할 수 있다.

가장 낙관적 모형에 따르면, 우리가 최대한 많은 사람의 삶을 개선하려 열심히 노력할 경우 인구가 21세기 말에 현재 수준으로 돌아올 수도 있다. 그 뒤로는 인구가 완만하게 줄어 지구촌이 우리 세상에 요구하는 것이 줄 것이고 늘 그랬듯 기술적 해결책으로 요구 사항을 충족할 수 있다.

하지만 재난을 겪지 않고 그 시점에 닿으려면 매우 길고 험난한 여정을 거쳐야 한다. 앞으로도 여러 해 겪어야 할 인구의 증가라는 불가피한 채움은 또 다른 불가피함을 낳는다. 그것은 우리가 오늘 내리는 결정이 더더욱 중요하다는 뜻이다. 공정하고 넉넉한 삶의 질을 모든 사람에게 최대한 일찍 선사하기 위해 모두 힘을 합쳐 열심히 노력해야 한다.

더 균형 잡힌 삶을 성취하려면

•

지속 가능성 혁명, 세상을 재야생화하려는 의지, 인구를 안정시키려는 결단을 발휘하면 우리는 하나의 종으로서 주변의 자연과 조화롭게 어우러진다. 이는 개인적 삶에 어떤 영향을 미칠까?

번성하고 지속 가능한 미래에 우리는 육류 대체 건강식을 활용한 채식 위주의 식단을 따른다. 모든 활동에 청정에너지를 쓴다. 은행과 연금·기금은 지속 가능한 기업에만 투자한다. 각 가구는 자녀를 낳기로 마음먹더라도 많이 낳지는 않는다. 목제품, 식품, 어류, 육류를 살 때마다 자세한 정보를 바탕으로 신중하게 고른다. 쓰레기는 최대한 줄인다. 우리의 활동에서 여전히 발생하는 소량의 탄소는 구입 가격에서 자동으로 상쇄돼 전 세계의 재야생화 사업을 뒷받침한다.

사실 이 잠재적 미래에는 자연과 균형을 이뤄 살아가기가 지금보다 수월해진다. 정·재계 지도자는 모든 사람의 환경 영향을 낮추는 제품과 사회를 만들라는 압박을 받는다. 폐기물 처리를 예로 들어 보자. 나는 일회용품을 쓰기 전 사회를 기억한다. 그때는 물건이 부서지면 고쳐 쓰고 재활용했으며, 플라스틱은 거의 쓰지 않았고 음식은 귀한 것이었다.

모든 것을 버리는 현재 습성은 비교적 새로운 현상이다(유한한 지구에서 뭔가를 '버린다'는 것이 사리에 맞지 않긴 하지만). 물건을 버리는 것이 자원을 낭비하는 격임은 논외로 해도 폐기물은 쌓이면 피해를 일으킨다. 하지만 우리는 생명이 이 문제를 해결한 방법에서 교훈을 얻을 수 있다. 자연에서는 한 과정에서 발생하는 폐기물이 다음 과정의 먹이가 된다. 모든 물질은 많은 종을 거쳐 재활용되고 순환하며 거의 모든 것이 결국에는 생분해된다.

엘런맥아더재단[46] 연구자를 비롯해 **순환 경제**의 가능성을 연구하는 사람은 자연과 똑같은 논리와 효율을 우리 사회에 도입할 방법을 찾는다. 순환 사고방식의 핵심은 가지고 만들고 쓰고 버리는 현재의 생산방식에서 벗어나 원료를 자연의 영양소처럼 재활용할 영양소로 여기는 생산 방식을 받아들이는 것이다. 그러면 우리 사회에서 사실상 서로 다른 두 가지 순환이 벌어지고 있음을 분명히 알 수 있다.

음식, 나무, 천연섬유로 만든 의류처럼 자연적으로 생분해되는 것은 전부 생물학적 순환의 일부이며 플라스틱, 합성원료, 금속처럼 자연적으로 생분해되지 않는 것은 기술적 순환에 속한다. 하지만 두 순환 모두에서 원료(이를테면 탄소섬유나 티타늄)는 재활용할 성분이다. 관건은 재활용 방법 설계다.

생물학적 순환의 핵심 성분은 음식물 쓰레기다. 앞에서 보았듯 현재 식품 생산은 숲 파괴, 비료와 농약 사용, 운송 과정의 화석연료 사용을 동반한다. 식품 가격도 비싸서 전 세계 많은 사람은 여전히 건강한 식단을 감당할 여력이 없다. 그럼에도 전 세계

적으로 생산되는 음식의 3분의 1이 쓰레기로 버려진다.[47]

기반 시설이 낙후한 국가에서는 수확 과정에서의 손실, 피해, 저장 시설 미비 등의 이유로 많은 음식이 상점에 도착하기도 전에 쓰레기가 된다. 부유한 국가에서는 주로 수확 이후에 음식물 쓰레기가 생긴다. 일부는 흠이 있다는 이유로 버리고 일부는 지나치게 많이 주문한 탓에 남아서 버린다. 아예 먹지 않고 버리는 양도 적지 않다.

더 합리적인 세상에서는 기반 시설과 저장 시설이 개선된다. 식품 업계에서는 음식물 쓰레기를 가축에 먹이거나 (어류와 가축의 먹이로 파리를 기르는) 곤충 농장에 보낸다. 견과류 껍질처럼 섬유질이 많은 음식물 쓰레기는 제재업에서 발생하는 나뭇조각과 함께 열과 전기로 전환한다. 이 과정에서 발생하는 탄소는 포집해 저장한다. 심지어 무산소 환경에서 음식물 쓰레기를 구워 **바이오숯**을 만들 수도 있다. 바이오숯은 말 그대로 숯과 비슷한 물질로, 건축재나 저탄소 연료로 쓸 수 있으며 토양에 첨가하면 토질을 개선하고 탄소를 땅속에 가둔다.

기술적 순환에서 효율을 기하는 방법 중 상당수는 제품 설계와 관계있다. 플라스틱, 합성원료, 금속을 원료로 쓰는 기업은 고작 몇 년이 아니라 더 오래 가는 제품을 만들 수 있다. 쉽게 분해하고 해체하고 개조하고 재활용하도록 제품을 구성할 수 있다.

제조업은 부품이 여러 공급 업체에서 제작되고 교체하도록 훨씬 표준화돼야 한다. 모든 제품군은 모든 요소에 대해 현명한 원료 조달과 사후 처리가 가능하도록 계획해야 한다. 순환 접근법이 소비자와 회사 사이의 새로운 관계를 장려하리라 믿는 사람도 있다. 소비자가 세탁기와 텔레비전을 제조사로부터 (구입하지 않고) 렌트하는 방식이다. 오늘날에도 휴대폰을 렌트하는 경우가 있지만, 앞으로는 수리와 재활용을 훨씬 중시한다.

두 순환 모두에서, 재활용할 수 없거나 환경에 해로운 재료나 화학물질은 시간의 흐름에 따라 경제에서 배제된다. 대표적으로 전 세계의 냉장고와 에어컨에 든 수소불화탄소HFCs(일명 프레온가스)가 있다. 기계가 수명을 다해 이 물질이 방출되면 이산화탄소 100기가톤과 맞먹는 온실가스가 대기 중에 유입된다. 2016년에 국제 협약이 체결되어 수소불화탄소는 지구온난화를 일으키지 않는 화학물질로 안전하게 대체됐다.[48]

순환의 포부는 오염 없는 세상, 플라스틱이 바다를 떠다니지 않고 유독 기체가 공장 굴뚝에서 피어오르지 않고 타이어를 태우지 않고 유출된 기름이 유막이 되지 않는 세상을 만드는 것이다. 심지어 우리가 현재 버리는 폐기물을 자원으로 바꿀 수도 있다. 매립지가 노천광이 되고 기업은 순환 경제를 위한 영양소를 캐내어 두둑한 수익을 얻는다. 바다에서 환류를 따라 맴도는 미세 플라스틱을 거두고 조합해 바다 농장을 짓는 방법도 있다. 자원 이용에 대한 접근법을 바꾸면 인류가 폐기물을 근절하고 자연의 순환 방식을 따라 할 것이라 믿는 사람이 늘어난다.

우리가 살아가는 장소는 어떨까? 2050년이 되면 세계 인구의 68퍼센트가 도시에서 살 것으로 예측된다. 한때 환경주의자는 도시를 지구의 골칫거리로 여겼으며 도로를 메운 채 연료를 낭비하고 오염물을 뿜는 차량, 전 세계에 더러운 생태 발자국을 남기는 제품과 원료를 끝없이 원하는 도시민의 욕구를 비판했다. 하지만 이제는 도시의 인구밀도가 높아진 덕에 오히려 지속 가능성을 위한 커다란 잠재력이 있음을 인정했다.

도시 계획가는 도시를 보행자와 자전거 이용자에게 친화적으로 만드는 법을 모색한다. 효율적인 저탄소 대중교통이 도입되며, 덴마크의 코펜하겐 같은 일부 도시는 중앙 지역난방 시스템을 설치해 지열발전소나 도시 자체의 폐기물로부터 열에너지를 끌어낸다. 도심의 크고 값비싼 빌딩에 엄격한 단열 및 에너지 효율 기준을 적용하기도 한다. 이 모든 방법 덕에 도시민의 탄소 배출량은 시골 주민에 비해 현저히 낮은 경우가 많다.

전 세계 대도시는 여기서 더 나아가려는 강력한 유인을 받는다. 도시의 행정을 책임지는 수장들은 전 세계 도시와 인재 영입 경쟁을 벌이는데, 사람을 끌어들이는 가장 효과적인 방법은 도시를 최대한 친환경적이고 쾌적한 곳으로 만드는 것이다. 도시의 식물은 휴식 공간을 제공하는 것과 더불어 도시를 시원하게 하고 공기를 정화하고 주민의 정신적 안녕을 개선한다. 이런 까닭에 도시는 공원 면적을 넓히고 가로수 길을 가꾸고 옥상 녹화와 벽 수직 정원화를 도입해 자연을 받아들인다.

파리에서는 빌딩 옥상과 벽에 100헥타르의 녹지를 추가로 가꾼다. 중국의 여러 도시에서는 시내를 흐르는 강의 주변에 습지를 조성해 계절적 홍수를 막고 시민에게 더 많은 녹지를 제공한다. 런던은 세계 최초로 '국립공원 도시'를 선언했으며 도시 면적의 절반을 녹지로 바꾸고 런던 시민의 삶을 더 친환경적이고 건강하고 야생적으로 바꾸겠다는 계획을 발표했다.

도시국가 싱가포르는 스스로를 정원 안의 도시로 바꿀 작정이다. 모든 신축 건물은 건설로 유실된 녹지를 보충하기 위해 같은 양의 식물을 심어야 한다. 이로 인해 건물 수십 곳이 특수 설계를 통해 식물로 덮였으며, 한 병원은 녹화 덕에 환자의 회복 속도가 빨라졌다고 한다. 싱가포르는 모든 공원 녹지를 녹색 통로로 연결하며 해안에 있는 1급지 100헥타르를 저수지와 정원으로 바꿨다. 이곳에 가꾼 50미터 높이의 인공 나무 슈퍼트리 숲은 태양광으로 동력을 공급받고 물을 모아 정원을 관개하고 공기를 정화한다.

생체모방연구소의 공동 창립자인 생물학자 재닌 베니어스는 도시 계획에 대한 새로운 녹색 접근법을 장려하고자 모든 도시에 과제를 냈다. 그녀는 도시가 점유하는 면적이 한때 자연 서식처였으므로 도시는 적어도 예전의 자연 서식처가 제공하던 혜택을 동일하게 제공해야 한다고 주장한다. 여기에는 태양에너지, 토양에 공급되는 거름, 공기 정화, 물 공급, 탄소 포집, 생물 다양성 유지 등이 포함된다. 건축가는 그녀의 도전을 기꺼이 받아들이고자 하는 듯하다.

오늘날 건축되는 빌딩 중에서 가장 지속 가능한 것은 재생에너지 발전량이 소비량보다 많고 주변 공기를 정화하며 오수를 자체 처리하고 오물을 흙으로 바꾸며 풍부한 동식물에 영구적 보금자리를 제공한다. 미래의 도시는 받는 곳에서 주는 곳으로 바뀔지도 모른다.

주고받기는 균형의 핵심이다. 인류 전체가 적어도 자신이 가진 만큼 자연에 돌려주고 빚의 일부를 되갚을 여건이 되면 우리는 더 균형 잡힌 삶을 살아갈 수 있다. 이 새로운 사고방식의 예는 지금도 전 세계에서 찾아볼 수 있다. 모든 국가가 뉴질랜드처럼 이윤, 사람, 지구를 두루 중시하거나 일본만큼의 생활수준을 국민에게 제공하거나 모로코처럼 재생에너지 혁명을 받아들이거나 팔라우처럼 바다를 관리하거나 네덜란드의 농민처럼 식물을 효율적이고 지속 가능하게 재배하거나 인도인처럼 육류를 거의 먹지 않거나 코스타리카처럼 야생을 복원하거나 싱가포르처럼 도시에 자연을 가꾸면 인류 전체가 자연과의 균형을 달성할 수 있다.

하지만 가장 커다란 변화를 이끌려면 모든 국가가, 무엇보다 생태 발자국이 가장 큰 국가가 동참해야 한다. 어떤 국가는 동참

싱가포르의 태양광 '슈퍼트리'

©주디펑/셔터스톡

하고 어떤 국가는 불참한다면 효과가 없다. 지금도 저항이 없는 것은 아니다. 지속 가능성을 고려할 때 잃을 것에 집착하면 얻을 것을 보지 못하기 쉽다.

하지만 실제로 지속 가능한 세상은 우리가 얻을 수 있는 것으로 가득하다. 석탄과 석유 의존에서 탈피하고 재생에너지를 받아들이는 대신 깨끗한 공기와 물, 모두를 위한 값싼 전기, 더 조용하고 안전한 도시를 얻는다. 일부 수역에서 조업할 권리를 잃는 대신 건강한 바다를 얻는다. 바다는 기후변화에 대응하는 노력을 뒷받침하고 궁극적으로 더 많은 자연 해산물을 공급한다.

식단에서 육류를 없애는 대신 체력과 건강과 값싼 음식을 얻는다. 땅을 야생에 돌려주는 대신 먼 땅과 바다에서뿐 아니라 주변 환경에서도 자연과 다시 연결돼 삶을 긍정적으로 바꿀 기회를 얻는다. 자연에 대한 지배력을 잃는 대신 이후 모든 세대가 오래도록 자연 속에서 누릴 수 있는 안정을 얻는다.

이 미래를 실현하기 위한 모든 것이 준비됐다. 우리에게는 계획이 있다. 무엇을 해야 할지 안다. 지속 가능성에 이르는 길은 존재한다. 그것은 지구상의 뭇 생명을 더 나은 미래로 이끄는 길이다. 우리가 이 사실을 알고 있음을, 또한 이 미래 전망이 우리에게 **필요한** 것일 뿐 아니라 무엇보다 우리가 **원하는** 것임을 정치인과 재계 지도자에게 알려야 한다.

결론
가장 큰 기회

나는 다른 시대에 태어났다. 비유가 아니라 사실이 그렇다. 나는 지질학자가 홀로세라고 부르는 시대에 이 세상에 찾아왔으며 인간의 시대인 **인류세**에 이 세상을 떠날 것이다(오늘날 살아 있는 모든 사람도 마찬가지일 것이다).

인류세라는 용어는 2016년에 저명한 지질학자가 제안했다. 지구 역사를 여러 시대로 나눠 이름을 붙이는 것은 지질학의 유서 깊은 관행이다. 각 시대는 이전에 번성한 화석 종이 사라졌다거나 새로운 화석 종이 등장했다거나 하는 식으로 나머지 모든 시대와 구분되는 암석의 특징에 따라 명명된다.

오늘날 형성되는 암석의 경우도 마찬가지다. 이 암석에는 앞선 암석보다 적은 종이 들었을 뿐 아니라 플라스틱 조각, 핵반응 부산물인 플루토늄, 전 세계에 분포하는 닭 뼈 같은 완전히 새로운 흔적이 들었다. 지질학자는 이 새로운 시대가 1950년대에 시작되며 인간이 그 어떤 종보다 확고하게 이 시대의 특징을 규정하니 인류세로 불러야 한다고 주장했다.

하지만 과학자가 과학적 관례에 따라 만든 이름은 이제 많은 사람에게 우리가 지금 맞닥뜨린 놀라운 변화를 생생하게 표현하는 이름이 됐다. 우리는 지구 전체에 영향을 미칠 엄청난 위력을 가진 지구적 요인이 됐다. 인류세는 지질학적 역사로는 유난히 짧은 기간이자 인류 문명의 궁극적 소멸로 끝나는 기간이 될 수도 있다.

하지만 꼭 그래야만 하는 것은 아니다. 인류세의 등장은 우리와 지구의 새롭고 지속 가능한 관계를 나타낼 수도 있다. 자연과의 대립이 아니라 협력을 배우는 시대, 자연적인 것과 관리되는 것 사이에 더는 큰 차이가 없는 시대일 수도 있다. 우리가 지구 전체의 성실한 청지기가 돼 자연의 빼어난 회복력을 통해 위기의 생물 다양성을 복원하면 된다.

결국, 어떤 형태의 인류세가 펼쳐질지는 우리에게 달렸다. 인간은 기발한 재치가 있을지 모르지만 동시에 호전적이기도 하다. 우리의 역사책은 전쟁 이야기, 국가 간 패권 다툼 이야기로 가득하다. 하지만 계속 이렇게 갈 순 없다. 지금 지구가 맞닥뜨린 위험은 세계적이며 각국이 연합해 범지구적으로 행동할 때만 대처할 수 있다.

실제로도 그렇게 협력한 전례가 있다. 1986년에 전 세계 고래잡이 국가가 의견을 모아 이 특별하고 경이로운 동물이 멸종하지 않도록 모든 종류의 고래 살육을 멈춰야 한다고 결정했다.

일부 나라가 고래잡이 중단에 동의한 것은 고래 개체 수가 하도 줄어서 경제성이 낮아졌기 때문인지도 모른다. 하지만 그 밖의 나라는 환경보호 운동가와 과학자의 청원 때문에 중단한 것이 틀림없다. 이 결정은 결코 전원 일치가 아니었다. 지금도 논란거리다. 하지만 1994년 남극해 5,000제곱킬로미터가 국제 고래보호구역으로 선포됐다. 이런 고래잡이 제한의 결과로 오늘날 고래는 기억 속 장면 이상으로 늘어났다. 이로써 바다의 복잡한 작용에서 중요하고도 결정적인 요소가 온당한 지위를 되찾았다.

1970년대에 산고릴라 개체 수가 300마리밖에 남지 않았던 중앙아프리카에서는 마침내 여러 아프리카 나라 사이에 다자간 협정이 체결됐으며 여러 세대에 걸친 현지 감시단의 노고와 용기 덕에 이 웅장한 피조물의 수가 1,000마리 이상으로 늘었다.

그러니 만일 원하면 우리에게는 국제적으로 협력할 능력이 있다. 하지만 이제는 한 동물군만이 아니라 자연계 전체에 적용되는 협정을 맺어야 한다. 그러려면 수많은 위원회와 회의에서 머리를 맞대고 수많은 국제조약을 체결해야 한다. 이 일은 국제연합의 주도로 이미 시작됐다. 수만 명이 참여하는 대규모 회의가 열린다. 한 회의에서는 지구가 엄청난 속도로 더워져 포괄적이고 파국적인 결과를 초래할지도 모른다는 우려에 대응한다. 또 다른 회의에서는 서로 연결된 생명의 그물망 전체를 떠받치는 생물 다양성을 보호하고자 한다.

이보다 벅찬 임무는 드물 것이며 우리는 가능한 모든 수단으로 이를 뒷받침해야 한다. 정치인이 합의에 이르도록, 때로는 국익을 내려놓고 더 원대하며 폭넓은 유익을 추구하도록, 지역적으로, 국내적으로, 국제적으로 촉구해야 한다. 인류의 미래는 이 합의의 성사 여부에 달렸다.

우리는 걸핏하면 지구를 구해야 한다고 말하지만 사실 지구를 구하는 일은 인류를 구하는 일이다. 우리가 있든 없든 야생은 회복된다. 이 증거를 가장 극적으로 보여 주는 것은 체르노빌 원자로가 폭발한 뒤 버려진 프리피야티의 폐허다.

버려진 아파트 건물의 어둡고 텅 빈 복도 밖으로 나오면 프리피야티의 놀라운 광경이 당신을 맞이한다. 주민이 떠나고 34년이 지나자 숲이 버려진 도시를 점령했다. 덤불이 콘크리트를 부수고 담쟁이가 벽돌을 쪼갰다. 지붕은 겹겹이 쌓인 식물의 무게에 축 처졌으며 포플러와 애스펀 어린나무가 인도를 뚫고 올라왔다. 6미터 높이의 참나무, 소나무, 단풍나무의 꼭대기가 정원, 공원, 도로에 그늘을 드리웠다. 그 아래에는 제멋대로 자란 관상용 장미와 유실수가 기묘한 하층 식생을 이뤘다. 34년 전 도시민 대피를 위해 보낸 군용 헬리콥터의 착륙장으로 쓰인 축구장은 젊은 나무의 수풀에 덮였다. 야생이 영토를 되찾았다.

갓 부화한 멧닭 병아리가 데이비드의 손바닥 위에서
아직 부화하지 않은 알에 '말'을 거는 〈알의 신비Wonder of Eggs〉의 한 장면

ⓒ마이크 버케드

도시와 버려진 원자로를 비롯한 땅은 희귀한 동물의 보전구역으로 지정됐다. 생물학자는 건물 창문에 감시 카메라를 설치해 번성하는 여우, 엘크, 사슴, 멧돼지, 들소, 불곰, 너구리 개체군의 모습을 촬영했다. 멸종하다시피 한 몽골야생말 몇 마리가 몇 해 전 방사됐는데, 점점 수가 늘어난다. 심지어 늑대도 사냥꾼의 총구로부터 안전하게 영역을 차지했다. 우리의 잘못이 아무리 컸을지언정 자연은 기회가 주어진다면 이겨 낼 것으로 보인다. 생명 세계는 앞선 여러 차례의 대멸종을 이기고 살아남았다. 하지만 우리도 그러리라 단정할 수는 없다. 하지만 우리가 여기까지 온 것은 이제껏 지구상에 존재한 피조물을 통틀어 가장 영리하기 때문이다. 하지만 우리가 존속하려면 지능 이상의 것이 필요하다. 바로 지혜다.

지혜로운 사람을 뜻하는 **호모사피엔스**는 이제 자신의 실수로부터 배워 이름에 걸맞게 살아야 한다. 오늘날을 살아가는 우리는 인류가 정말로 그렇게 살아가도록 하는 벅찬 임무를 맡았다. 희망을 포기해서는 안 된다. 우리에게는 필요한 모든 도구, 수십억 명의 뛰어난 정신이 품은 생각과 아이디어, 우리의 임무를 도울 자연의 어마어마한 에너지가 있다. 하나 더 있다. 지구상에 사는 피조물을 통틀어 어쩌면 유일무이할 능력, 미래를 상상하고 성취하기 위해 노력하는 능력 말이다.

우리는 여전히 오류를 바로잡고 영향을 관리하고 발전 방향을 바꾸고 다시 한번 자연과 조화롭게 어우러지는 종이 될 수 있다. 필요한 것은 의지뿐이다. 앞으로 수십 년은 안정된 보금자리를 건설하고 우리가 선조에게서 물려받은, 풍요롭고 건강하고 경이로운 세상을 회복할 마지막 기회다. 우리의 선택은 우리가 아는 한 생명이 존재하는 유일한 장소인 지구에서 우리가 맞을 미래를 좌우한다.

〈우리의 지구를 위하여〉 촬영 중에 데이비드와 조니 휴스

고마움의 글

이 책과 다큐멘터리 영화인 〈우리의 지구를 위하여〉는 집필과 제작에만 여러 해가 걸렸으며 많은 동료의 지원과 조력을 받았다. 이 작업의 아이디어가 처음 떠오른 것은 세계자연기금의 콜린 버트필드, 실버백 영화사의 오랜 친구인 앨러스테어 포더길, 키스 숄리와 대화를 나누던 자리에서였다. 세 사람에게 감사한다. 그들은 이 책의 구성을 정하는 데 중요한 역할을 했으며 다큐멘터리 제작을 이끌었다(책 내용의 많은 부분이 다큐멘터리에 바탕을 둔다).

하지만 집필과 관련해 가장 고마운 사람은 공저자 조니 휴스다. 그는 오랫동안 환경 운동에 몸담았으며 이 다큐멘터리를 감독했다. 그의 설득력, 전문성, 명료한 사고는 귀한 보탬이 됐다. 많은 분야와 단체 구성원의 아이디어, 의견, 연구를 소개하는 3부에서는 그의 역량이 더욱 빛을 발했다.

세계자연기금 과학부의 알찬 조력이 없었다면 이런 구상을 엮는 것은 꿈도 꿀 수 없었을 것이다. 특히 세계자연기금의 보전·과학 담당 상임 이사 마이크 배럿에게 감사한다. 그는 환경 위기에 대한 자신의 명료한 관점을 들려줬으며, 이 작업에 몸담은 모든 사람에게 크나큰 영감을 준 기념비적 저작 《지구 생명 보고서》 집필진을 이끌었다. 세계자연기금 과학부의 마크 라이트에게도 감사한다. 그는 이 작업에서 낸 모든 논증이 현실 사례와 좋은 학술 연구에 기반을 두도록 오랜 시간을 들였다.

세계자연기금과의 협력을 통해 수많은 과학 소통가와 연구자를 만나 영감을 얻었다. 여기에 일일이 나열하지 못할 만큼 많은 사람의 도움을 받았지만, 특히 지구 위험 한계선 모형을 만든 요한 록스트룀 연구진과 도넛 모형을 개발한 케이트 레이워스에게 감사한다. 이들의 연구는 역사의 중대한 순간에 우리에게 깊은 통찰을 선사했다. 폴 호컨과 캘럼 로버츠의 저작과 연구는 각각 기후변화와 바다에 관련된 문제와 해결책을 이해하는 데 중요한 역할을 했다.

길잡이가 된 펭귄랜덤하우스의 알베르트 데페트릴로와 넬 워너, 책 제작을 지원한 로버트 커비와 마이클 리들리에게도 감사한다. 사랑하는 딸 수전에게도 감사한다. 그녀는 내 일정과 일기를 관리하며 이 책의 단어 하나하나에 끈기 있게, 그것도 여러 번씩 귀를 기울였다.

이 작업에 몸담으면서 여러 감정이 들었다. 지구가 현재 처한

난국의 실상은 충격적이라는 말로도 부족하다. 우리의 위기를 속속들이 알면서 근심이 커졌다. 하지만 우리가 맞닥뜨린 문제를 이해하고 더 나아가 해결하기 위해 명민한 정신의 소유자가 노력한다는 사실을 깨닫고 안도감이 들었다. 나의 가장 큰 바람은 이들이 조만간 힘을 합쳐 우리의 미래를 바꿔 나가는 것이다. 〈우리의 지구를 위하여〉를 제작하면서 깨우친 사실은 함께 노력하면 혼자서 성취할 수 있는 것보다 훨씬 많은 것을 성취할 수 있다는 것이다.

데이비드 애튼버러
영국 리치먼드
2020년 7월 8일

용어 설명

국내총생산Gross Domestic Product, GDP—일정 기간 한 국가나 부문에서 생산된 재화와 서비스의 가치를 모두 합산한 생산성 지표. 한 국가의 생산성을 나타내는 지표로 쓰일 수 있지만, 평등, 안녕, 환경 영향을 나타내지 않는다는 비판이 널리 제기된다. GDP를 개발한 사이먼 쿠즈네츠는 GDP를 국가의 복지에 대한 지표로 써서는 안 된다고 경고했다.

기준선 이동 증후군shifting baseline syndrome—'정상'이나 '자연적'인 것의 개념이 시간 경과에 따라 뒤이은 세대의 경험 때문에 달라지는 경향. 이 책에서는 우리가 여러 세대를 거치면서 자연환경의 생물 다양성이 어느 정도여야 하는가를 망각하는 경향을 일컫는다.

남획overfishing—어종이 보충되지 못할 정도로 빠른 속도의 어획. 해당 수역에서 그 어종의 개체 수가 부족해지는 원인이다. 2020년 국제연합식량농업기구FAO 보고에 따르면 전 세계 어업자원의 3분의 1이 남획된다.

녹색 성장green growth─자원을 지속 가능한 방식으로 쓰는 경제성장 방식. 환경 피해를 고려하지 않는 전통적 경제성장의 대안적 개념이다.

농지 정점peak farm─농지로 쓰이는 면적의 증가가 멈추는 시점. 국제연합 식량농업기구의 예측에 따르면 2040년경에 일어날 것이다.

대가속great acceleration─인간 활동의 다양한 척도에 걸친 극적이고 동시 다발적 성장률 급증. 20세기 중엽에 처음 관찰돼 오늘날까지 계속된 다. 대가속 기간의 자원 요구량 및 오염물 배출량 증가는 오늘날 관 찰되는 환경 악화의 주된 직접 원인이다.

대멸종mass extinction─지구의 생물 다양성이 전면적이고도 급격하게 줄 어드는 현상. 대멸종 사건은 생명의 역사에서 적어도 다섯 번 일어났 으며 그중 하나는 공룡의 멸종으로 이어졌다.

대쇠퇴great decline─생물 다양성과 기후 안정성을 비롯한 다양한 환경 척도가 전 세계에서 동시다발적으로 쇠퇴하는 현상. 20세기 전반에 시작돼 오늘날까지 계속된다. 쇠퇴는 21세기에 가속화해 일련의 티 핑 포인트에 닿은 뒤 지구 시스템의 급진적 불안정을 낳으리라 예측 된다.

대체 단백질alt(alternative)-proteins─일반적 동물성 단백질을 대신하는 식 물성 대체재와 식품공학 대체재. 곡물, 콩류, 견과류, 씨앗, 조류, 곤 충, 미생물, 청정육 등이 있다. 대체 단백질은 대규모 축산이나 수산 물 양식이 필요하지 않으므로 생산과정에서 나오는 생태 발자국이 훨씬 작으리라 기대된다. 게다가 동물 복지 문제도 줄어들 것이다.

도넛 모형doughnut model─사람의 기본적 필요를 사회적 토대로 놓고 여기 에 기존의 생태적 한계를 더해 인간을 위한 안전하고 정의로운 공간을 규정한 모델. 지구 위험 한계선 모형을 재해석한 것으로 옥스퍼드대 경제학자 케이트 레이워스가 발전시켰다. 골자는 우리가 한계선 아래에 머무르되 사람의 안녕을 희생하면서까지 그래서는 안 된다는 것이며, 이런 측면에서 지속 가능 발전의 토대 역할을 한다.

도시 농업urban farming —도시 안팎에서 식량과 농산물을 생산하는 일. 인간이 이미 점유한 땅을 사용하고 운송 수요를 줄이고 수경법이나 재생에너지 같은 방법으로 식량을 생산하기 때문에 지속 가능성이 매우 크다.

레드플러스REDD+ —'산림 전용과 산림 황폐화로 인한 배출의 감축'을 뜻하는 국제연합 사업. 발전도상국의 숲 보전, 지속 가능한 관리, 숲의 탄소 저장 능력 강화 등의 역할을 강조한다. 숲에 저장된 탄소에 금전적 가치를 부여하고 숲 보전에 더 많은 유인을 제공하고자 하며 그 목표는 발전도상국의 산림 전용과 산림 황폐화를 감소시키는 것이다.

마이크로그리드micro-grid —지역 전력망과 연계하거나 독립적으로 작동할 수 있는 국지적 전력원 집단. 협력해 전기를 공급하기에 단일 발전 시설보다 수요 증가에 더 적절히 대처할 수 있다. 재생에너지를 쓰는 분산형 발전의 비용이 저렴해진 지금 점차 흔해지고 있다.

문화culture —(생물학 용어로서의 문화는) 유전적 수단이 아니라 주로 모방을 통해 한 동물에서 다른 동물로 전달될 수 있는 행동, 습관, 기술의 집합. 이 의미의 문화는 생물학적(유전자적) 유전과 비슷한 형태이며 시간의 흐름에 따라 나름의 형태로 진화한다. 문화의 증거를 찾아볼 수 있는 동물은 침팬지, 짧은꼬리원숭이, 큰돌고래 등 소수

의 종에 불과하다. 인간의 경우 문화적 진화는 지배적 진화 형태가
됐다.

바이오숯 biochar—숯의 대체재. 폐기된 유기물을 저산소 또는 무산소 환
경에서 구워서 만들며 탄소 포집 및 저장을 위한 현실적 접근법으로
주목된다. 건축재나 바이오에너지 연료가 될 수도 있고 땅의 지력과
함수성을 개선하는 데 쓰일 수도 있다.

바이오에너지 bioenergy—생물의 원료로 만들 수 있는 재생에너지. 연소
나 분해를 통해 바이오에너지를 발생시킬 수 있는 연료로는 목재나
(옥수수, 콩, 억새, 사탕수수처럼) 생장 속도가 빠른 작물이 있다. 이
를 태워서 전기를 생산할 수도 있고 바이오 연료로 만들어 쓸 수도
있다.

보전구역 conservancy—본디 자연 서식처를 보호하려는 목표로 지정된 지
역. 다만 이 책에서는 지역사회가 지속 가능하고 경제적으로 현실적
인 방식으로 관리하는 구역을 가리킨다.

블록체인 blockchain—신뢰성 있는 방식으로 거래를 기록하기 위한 디지털
장부. 피어투피어 P2P 네트워크에 참여하는 여러 컴퓨터에 저장되기
에 효율성을 높이고 오류와 위·변조 가능성을 낮출 수 있다. 본디 비
트코인 같은 암호화폐의 효율적 운용을 위해 개발했지만, 공급망 추
적에도 쓸 수 있으므로 제품이 지속 가능한 공급원에서 왔는지 검증
할 수 있다.

산림 전환 forest transition—시간이 지남에 따라 땅을 쓰는 방식이 달라지
는 패턴. 사회의 발전 수준이 낮을 때는 숲이 지배적이다. 사회가 발
전하고 성장해 식량 생산이 늘면 숲 파괴가 일어난다. 농업의 효율성

이 높아지고 인구가 도시로 이동하면 숲재생이 일어날 수 있다. 여러 국가가 산림 전환을 겪은 것으로 밝혀졌으며 지구 전체와 관련된 지구적 산림 전환도 논의할 수 있으리라는 주장이 나왔다.

생물 다양성biodiversity — 전 세계 생명의 다양성을 뭉뚱그려 표현하는 용어. 종 수(동물, 식물, 균류, 심지어 세균 같은 미생물의 모든 종류)와 각 종의 개체 수를 토대로 계산한다. 더 추상적인 측면에서 보자면 지구의 생물 다양성은 수백만 종과 수십억 개체뿐 아니라 그 개체가 가진 수조 개의 특징까지 포괄한다. 생물 다양성이 클수록 생물권이 변화에 잘 대처하고 균형을 유지하고 생명을 지탱할 수 있다.

생태 발자국ecological footprint — 인간이 환경에 미치는 영향을 측정한 값. 기본적 잣대는 국민이나 경제를 떠받치거나 오염물(특히 온실가스)에 대처하는 데 필요한 자연의 양이며, 글로벌헥타르Global HectAre, GHA라는 단위로 표현된다. 현재 우리가 필요로 하는 글로벌헥타르는 지구상에 존재하는 것보다 크며, 이로 인해 대쇠퇴가 일어난다.

생태학ecology — 생명체 사이의 또한 생명체와 환경 사이의 상호작용과 관계를 연구하는 생물학 분야.

석유 정점peak oil — 전 세계 석유 생산량이 최대가 되는 시점. 그 뒤에는 석유 채굴량이 줄어든다.

성장기log phase — 성장곡선의 단계. 기하급수적 성장이 특징이다.

수경법hydroponics — 양분을 물에 녹여 흙 없이 식물을 재배하는 방법. 많은 장점이 있으며, 무엇보다 식물을 재배하는 데 물이 훨씬 덜 든다.

수렵 · 채집hunter-gatherer — 인간 사회가 야생에서 식량을 구하는 문화. 농업이 발명된 홀로세 초기에 이르기까지 인류 역사의 90퍼센트 중 모든 인간의 문화였다.

수용력carrying capacity — 먹이, 서식처, 물, 기타 가용 자원을 고려해 특정
환경에서 지탱할 수 있는 생물 종의 최대 개체군 규모.

수직 농업 vertical farming — 수직으로 쌓은 층에서 식량을 생산하는 방법.
대개 통제된 환경에서 수경법이나 아쿠아포닉스aquaponics (어류 양
식과 수경법을 합친 농법_옮긴이)를 쓴다. 좁은 땅에서 많은 식량을
생산하고 비료나 농약을 쓰지 않아도 된다는 점에서 일부 식물의 경
우 지속 가능성이 매우 높은 농법이다.

순환 경제circular economy — 폐기물 발생을 없애고 자원을 지속적으로 쓰
려는 경제체제. 공유, 재사용, 수리, 재포장, 재제조, 재활용을 통해 닫
힌 고리를 만든다. 모든 폐기물은 다음 과정의 먹이(원료)가 되므로,
가지고 만들고 쓰고 버리는 식의 생산 모델을 가진 전통적인 선형적
경제와 대조된다.

숲 고사 forest dieback — 입목(산림의 기본 부분을 이루는 큰 나무_옮긴이)
이 건강을 잃고 죽는 현상. 지속적 숲 파괴와 기후변화의 결과로 21세
기에 일어나리라 예측되는 두 가지 대규모 티핑 포인트 중 첫 번째는
아마존의 숲 고사이고 두 번째는 캐나다·러시아의 아한대 상록수림
의 숲 고사다.

숲재생reforestation — 원래의 숲이 자연적으로 또는 의도적으로 복원되는
것. 숲재생은 포괄적 용어로 쓰일 수도 있고, 전용된 지역을 구체적
으로 가리킬 수도 있다. 후자의 경우 조림afforestation이라는 표현을
쓰는데, 이는 전통적 농지처럼 일정 기간 숲이 아니던 지역이나 도시
내부에 해당한다. 숲재생은 현저한 탄소 포집 및 저장으로 이어질 수

있으므로 기후변화의 자연 기반 해법으로서 잠재력이 있다.

식물플랑크톤 phytoplankton―광합성을 하는 플랑크톤. 해수면에 널리 퍼졌으며 많은 해양 먹이사슬의 토대다.

아동 정점 peak child―전 세계 아동(일반적으로 15세 미만) 수의 증가가 멈추는 시점. 국제연합의 예측에 따르면 아동 정점은 21세기 중엽 즈음에 일어날 것이다.

야생 농장 wildland farm―해당 지역의 자연적 군집을 흉내 낸 다양한 가축 군집이 인위적이지 않은 조건에서 농장을 자유롭게 돌아다니는 것. 일종의 재야생화 농업이다. 가축은 땅의 수용력에 맞게 개체 수가 유지되며 영양폭포가 일어나 땅의 생물 다양성이 늘어난다.

양식업 aquaculture―어패류, 조류 등을 수생 환경에서 길러 수확하는 것. 해수 양식과 담수 양식의 두 종류가 있다.

어획 정점 peak catch―어획량 증가가 멈추는 시점. 우리는 1990년대 중엽 어획 정점에 닿았다. 그 뒤로는 전 세계 어획량이 조금 줄었다.

영구동토대 permafrost―(주로 지면 아래) 계속 얼어 있는 땅. 가장 넓게 펼쳐진 곳은 러시아, 캐나다, 알래스카, 그린란드의 툰드라와 극지방이다. 지구가 온난화되면 영구동토대가 녹으리라 예측되는데, 그러면 강력한 온실가스인 메테인(메탄)이 대기 중으로 방출돼 양의 되먹임 고리가 형성됨으로써 지구온난화가 티핑 포인트에 닿고 걷잡을 수 없이 악화한다.

영구 성장 perpetual growth―우리의 현재 경제 모형을 떠받치는 가정. GDP가 해마다 영원히 늘어난다는 것이다. 현실에서 많은 선진 경제국의 GDP 성장률은 연간 0~2퍼센트로 매우 낮지만, 물론 여전히 성장하기는 한다.

영양폭포trophic cascade―'영양 수준'이라는 먹이사슬의 한 수준에서 일어난 변화가 다른 사슬 내에서 여러 연쇄효과를 촉발하는 것. 생태계에서 일어나는 효과로 역사를 돌이켜 보자면 우리가 최상위 포식자를 멸종시켰을 때 일어난 영양폭포로 생태계가 급격히 달라지고 이 때문에 육상과 해양 경관이 두루 달라졌다. 이를테면 늑대가 멸종하자 사슴 개체 수가 늘어 자연적 숲재생을 저해했다. 재야생화의 일환으로 최상위 포식자를 복원하면 옐로스톤 국립공원의 늑대 재도입에서 볼 수 있듯 영양폭포를 일으켜 자연적 생물 다양성을 회복할 수 있다.

온실가스GreenHouse Gases, GHGs―태양복사를 변화시켜 온실효과를 발생시킴으로써 '담요'처럼 지구 표면 온도를 높게 유지하는 기체. 지구 대기 중의 주요 온실가스로는 수증기, 이산화탄소, 메테인, 아산화질소(이산화질소와는 다르다), 오존이 있다. 이산화탄소, 메테인, 아산화질소 같은 온실가스의 대기 중 농도가 높아진 것은 인간 활동 탓이며, 이는 더 많은 열을 대기 중에 붙들어 기후변화를 낳는다.

인구변천demographic transition―각국에서 (기술, 교육, 경제 발전 수준이 낮은 사회의) 높은 출생률과 높은 영아 사망률에서 (기술, 교육, 경제 발전 수준이 높은 사회의) 낮은 출생률과 낮은 사망률로 시간의 흐름에 따라 변화가 일어나는 현상.

인구정점peak human―인구 증가가 멈추는 시점. 국제연합 인구국의 예측에 따르면 인구정점은 22세기 초에 일어날 것이며 그때 인구는 약 110억 명일 것이다. 하지만 빈곤을 줄이고 여권을 신장하면 이르게는 2060년에 89억 명으로 인구정점에 닿으리라 예측된다.

인류세anthropocene—인간 활동이 기후와 환경에 지배적 영향을 미친 지질학적 시대. 인류세가 언제 시작됐는가는 여전히 논쟁거리이지만 많은 연구자는 1950년대를 꼽는다. 대량의 플라스틱과 (핵무기 실험으로 인한) 방사성 동위원소가 미래의 암석에 나타날 시기이기 때문이다.

임간축산silvopasture—가축을 나무와 함께 키우거나 숲 안에서 키우는 방법. 이렇게 하면 가축의 건강과 소출을 부쩍 늘릴 수 있다. 가축이 나무를 피난처로 삼을 수 있고 풀뿐 아니라 나뭇잎도 먹을 수 있기 때문이다.

자연 기반 해법nature-based solution—기후변화, 안정적 물 공급, 안정적 식량 공급, 오염, 재난 위험 같은 사회적·환경적 문제에 공동 대처하기 위해 자연을 활용하는 것. 이를테면 맹그로브숲을 가꿔 해안침식을 예방하고, 해양보호구역으로 어획량을 늘리고, 도시녹화로 기온을 낮추고, 습지를 가꿔 범람을 예방하고, 숲재생으로 천연 탄소 포집 및 저장 시설 역할을 할 수 있다. 자연 기반 해법은 비용 대비 효과가 비교적 크며 생물 다양성 증가라는 뚜렷한 유익이 있다.

작물화·가축화domestication—인간이 다른 종의 번식과 돌봄에 유의미한 영향을 미치는 과정. 작물화의 예로는 밀, 감자, 바나나가 있으며 가축화의 예로는 소, 양, 돼지가 있다. 작물화·가축화는 모든 농업의 토대다.

잠복기lag phase—성장곡선의 첫 단계. 제약 요인 때문에 순 성장이 거의 이뤄지지 않는 시기다.

재생 농법regenerative farming—보전과 재건의 관점에서 농업에 접근하는 방법. 토양의 자연적 건강을 증진하는 데 주력한다. 이는 시간의 흐름에 따라 토질이 대체로 나빠져 비료와 농약의 투입을 원하는 산업적 영농에 대한 반작용이다. 재생 농법을 실시하면 토양의 유기물 함량, 탄소 포집 및 저장 능력, 토양의 생물 다양성이 커진다.

재생에너지 renewables — 태양광, 풍력, 바이오에너지, 조력, 파력, 수력, 지열 등 인간의 시간 척도 안에 자연적으로 재생되는 에너지. 재생에너지는 대체로 저탄소 또는 무탄소 연료로, 화석연료의 대안이다.

재야생화 rewild — 생물 다양성이 큰 공간, 군집, 시스템을 복원하고 확장하는 과정. 보통 대규모로 이뤄지며 자연적 과정과 (적절한 경우) 유실된 종을 회복하고자 한다. 경우에 따라서는 대리 종을 써서 회복 중인 군집 내에서 유실된 종과 비슷한 역할을 맡길 수도 있다. 이 책에서는 '재야생화'를 넓은 의미로 쓰는데, 그 목표는 지구 전역에서 자연을 복원하는 것과 인류 전체의 생활 방식을 더 지속 가능하게 바꿔 생물 다양성 감소를 역전시키는 것이다. 그러므로 기후변화 경감은 재야생화의 필수적 요소로 간주된다.

지구 시스템 earth system — 지구의 지질학적, 화학적, 물리학적, 생물학적 시스템을 통합한 것. 홀로세를 통틀어 이 시스템은 생명에 유익한 환경을 유지했으며 그 바탕은 대기권(공기), 수권(물), 빙권(얼음과 영구동토대), 암석권(암석), 생물권(생명)의 상보적 상호작용이다. 우리가 지구 위험 한계선 안에 머무는 한 지구 시스템은 계속 효과적으로 작동하고 우호적 환경을 제공한다.

지구 위험 한계선 planetary boundaries — 지구 시스템 과학자 요한 록스트롬과 윌 스테펀이 인간을 위한 안전한 활동 공간을 정의하기 위해 고안한 개념. 그들은 현재의 인간 활동이 이 요인에 얼마나 큰 영향을 미치는지 계산해 (초과할 경우) 파국적 변화로 이어질 수 있는 문턱값을 산출했다. 또한 여러 분야의 자료를 써서 지구 시스템의 안정성에 영향을 미치는 아홉 가지 요인을 정의했다. 생물 다양성 감소, 기후변화, 화학물질 오염, 오존 고갈, 대기 중 에어로졸(연무질) 감소, 해수 산성화, 질소 및 인 이용, 담수 소비, 토지 이용의 변화(야생의 공간에서 밭이나 대농장으로). 이 아홉 가지 중에서 기후변화와 생물 다양성 감소를 두 가지 '핵심 한계선'으로 정했는데, 그 이유는 나머지 모든 한계선에 의해 영향을 받으며 둘 중 하나만 넘어도 지구가 불안정해질 수 있기 때문이다. 연구진은 인간이 현재 기후변화, 생물 다양성 감소, 토지 이용의 변화, 질소 및 인 이용의 네 가지 한계선을 넘었다고 판단하며 (따라서) 지구 시스템이 이미 불안정한 상태에 들어섰다고 주장한다.

지구공학/기후공학geoengineering/climate engineering — 기후변화를 완화하려 지구 시스템에 의도적으로 대규모 개입을 시행하는 방안의 연구와 실천. 한 가지 방법은 바다에 철을 투입해 식물플랑크톤의 생산성을 높이고 표층수의 이산화탄소 흡수량을 늘려 온실가스를 환경으로부터 제거하는 지구의 능력을 키우는 것이다. 다른 방법은 태양복사 관리로, 에어로졸을 성층권에 투입해 햇빛을 우주 공간에 더 많이 반사하게 해 지구온난화를 줄이는 것이다. 지구공학은 검증되지 않았다는 비판을 받으며, 환경과 우리에게 매우 해로운 결과가 나타날 수도 있다.

지속 가능성 혁명sustainability revolution — 지속 가능성에 주력하는 혁신의 파도를 원동력으로 삼아 장차 일어날 것으로 예측되는 혁명. 혁명의 요소로는 재생에너지, 환경 영향이 적은 운송, 폐기물이 전혀 발생하지 않는 순환 경제, 탄소 포집 및 저장, 자연 기반 해법, 대체 단백질, 청정육, 재생 농법, 수직 농업 등이 있으며, 녹색 성장의 기회와 희망찬 미래를 약속한다.

지속 가능성 sustainable — 문자 그대로는 뭔가가 영원히 지속될 수 있는 능력. 이 책에서는 인간과 생물권이 영구적으로 공존할 수 있는 능력을 가리킨다. 인간이 지속 가능하게 살아가려면 지구에서의 삶이 지구 위험 한계선 안에 머물러야 한다.

채식 위주 식단 plant-based diet — 식물성 식품으로 구성되며 동물성 식품을 거의 또는 전혀 포함하지 않는 식단. 채식 위주 식단은 여러 동물성 식품을 포함하는 현재의 식단보다 지속 가능하다. 평균적으로 생산과정에서 땅, 에너지, 물이 덜 들며 온실가스를 덜 배출하기 때문이다.

청정육 clean meat — 동물을 도살하지 않고 동물세포를 배양해 생산하는 식용육. 일종의 세포배양이다. 연구에 따르면 청정육 생산은 전통적 육류 생산보다 훨씬 효율적이고 환경친화적일 가능성이 있다. 땅, 에너지, 물이 거의 필요하지 않고 생산물의 킬로그램당 온실가스 배출량이 훨씬 적기 때문이다. 동물 복지 문제도 해결된다.

탄소 상쇄 carbon offset — 다른 곳에서 불가피하게 벌어지는 탄소 배출을 상쇄하거나 균형을 맞추기 위한 방법. 그 방법은 탄소 배출권을 구입하는 것으로, 단위는 배출량에 해당하는 이산화탄소 톤수 CO_2e다. 이 방법이 국내에서 배출량을 줄이는 것보다 싸다면 정부와 대기업은 배출량 감축을 이행하기 위해 상쇄를 채택할 수도 있다. 기업과 개인

역시 비행기 여행 등의 활동에서 발생하는 배출을 상쇄하기 위해 탄소 배출권을 구입할 수 있다. 탄소 배출권 판매금은 대체로 재생에너지, 바이오에너지, 재조림 사업에 쓴다. 탄소 상쇄는 폭넓은 배출 감축 전략의 일환으로 시행돼야 하며 장기적으로 볼 때 완벽한 해법은 아니다.

탄소 포집 및 저장 Carbon Capture and Storage, CCS—공장이나 발전소 같은 대규모 점배출원에서 주로 발생하는 이산화탄소를 모아 지하 저장소로 옮겨 대기 중에 유출되지 않도록 영구 저장하는 과정. 현대적 공업 시설에서 CCS를 시행하면 이산화탄소 배출을 90퍼센트까지 줄일 수 있지만 관리를 위한 에너지 이용량과 비용이 늘어난다. 바이오에너지 발전BECCS이나 (주변 공기에서 이산화탄소를 긁어내는) 직접 공기 포집DACCS과 접목하면 이론적으로 대기 중에서 이산화탄소를 제거해 이른바 '음(마이너스)의 배출량'을 달성할 수 있다. 하지만 이 기술은 연구·개발 단계에 머물러 있다. 자연 기반 해법은 자연적 형태의 CCS(엄밀히 말하자면 이산화탄소 제거)이며 생물 다양성을 늘리는 부수적 효과도 있다.

탄소세carbon tax—탄소계 연료(석탄, 석유, 천연가스)의 연소에 부과하는 세금. 오염 유발자가 자신의 활동에서 발생하는 온실가스로 인한 기후변화에 대해 비용을 지불하는 것이다. 많은 부문에서 효과적 배출 감축 유인임이 입증됐다.

(지구) 탄소 예산carbon budget—지구 표면 온도를 일정 수준 이내로 제한할 수 있으리라 예측되는 이산화탄소 누적 방출량. 전 세계적 배출량 감축이 지연되면 탄소 예산을 더 빨리 써 버려 지구온난화 위험이 커

진다.

티핑 포인트tipping point — 지구환경의 문턱값. 이 값을 넘으면 지구 시스템에 급격하고 광범위하고 종종 자기 증폭적이고 잠재적으로 비가역적인 변화가 일어날 수 있다.

파급효과spill-over effect — 한 지역의 생물 다양성 증가가 인근 지역의 생물 다양성에도 유리하게 작용하는 현상. 파급효과를 구체적으로 확인할 수 있는 곳은 해양보호구역 주변 수역이다. 해양보호구역에서 회복된 어업자원이 인근 수역으로 파급해 어획량이 늘기 때문이다.

해수 산성화ocean acidification — 대기 중 이산화탄소를 흡수해 해수의 페하(수소 이온 농도)가 지속적으로 줄어드는 현상. 해수는 약알칼리성이기에, 해수 산성화는 처음에는 중성으로의 변화를 일컫는다. 산성화가 계속되면 바닷속 생명의 상당수에 피해를 일으킨다. 지구 역사에서 과거에 일어났을 때는 대멸종 사건이 벌어지고 지구 시스템의 효율이 오랫동안 하락했다.

해양 임업ocean forestry — 기후변화에 대해 제안된 자연 기반 해법 중 하나. 바닷말 숲을 재배하고 경작하는 방법이다. 규모가 커지면 탄소 포집 및 저장 시스템 역할을 하며, 생산된 바닷말은 바이오에너지와 식량으로 쓸 수도 있고 영구적으로 처분해 대기 중 탄소를 제거할 수도 있다.

해양보호구역Marine Protected Areas, MPAs — 바다에서의 인간 활동을 일정 수준으로 제한하는 구역. 조업금지구역에서는 모든 종류의 조업이 완전히 금지된다. 현재 전 세계에는 1만 7,000곳의 해양보호구역이 있는데, 바다 전체로 따지면 7퍼센트를 약간 웃도는 정도에 불과하다.

홀로세holocene—마지막 빙기인 약 1만 1,700년 전에 시작된 지질학 시대. 지구 역사상 드물게 안정적인 시기였으며 농업의 발명으로 인구가 급속 성장한 시기와 맞물린다.

푸른 행성을 위한 증언

주

1부
증언: 지구의 과거 그리고 현재

1   세계 인구 데이터의 출처로 가장 신뢰할 만한 것은 국제연합 인구국 자료다. 다음을 참고. https://population.un.org/wpp; https://population.un.org/wpp/Publications/Files/WPP2019_Highlights.pdf

2   여기서 탄소는 '이산화탄소'의 약칭이다. 대기 중 이산화탄소 농도 증가는 화석연료, 석유, 천연가스의 연소와 직접적 관계가 있다. 또한 우리의 발전에서 나타나는 특징이자 지구온난화의 주원인이다. 이 책에서 거듭 인용하는 이산화탄소 데이터의 출처는 다음을 참고. https://www.esrl.noaa.gov/gmd/ccgg/trends/data.html

3   남은 야생지 추정의 토대는 다음을 참고. Ellis E. et al (2010), "Anthropogenic transformation of the biomes, 1700 to 2000", *Global Ecology and Biogeography* 19, 589~606.

4   대멸종의 정확한 횟수는 멸종 시점을 어떻게 정하냐에 따라 달라진다.

대체로 지질학자는 현재 이전에 대멸종이 다섯 번 일어났다고 말하는데, 순서대로 4억 5,000만 년 전 오르도비스기-실루리아기 대멸종, 대본기 말 대멸종(3억 7,500만 년 전), (해양 종의 96퍼센트와 육상 종의 70퍼센트가 사라진 최악의 멸종인) 페름기-트라이아스기 대멸종(2억 5,200만 년 전), 트라이아스기-쥐라기 대멸종(2억 100만 년 전), (공룡 시대를 종식한) 백악기-팔레오기 대멸종(6,600만 년 전)이다.

5   무엇이 공룡시대의 종말을 가져왔는지는 여러 이론이 있다. 유카탄반도에 떨어진 운석 때문이라는 주장은 급진적인 것으로 치부됐으나 2016년 칙술루브 충돌구의 암석 심부 굴착을 비롯한 증거가 늘면서 가장 지지받는 이론이 됐다. 이 증거에 대한 설명으로는 다음을 참고. Hand, E. (2016), "Drilling of dinosaur-killing impact crater explains buried circular hills", *Science*, 17 2016 11월, https://www.sciencemag.org/news/2016/11/updated-drilling-dinosaur-killing-impact-crater-explains-buried-circular-hills

6   유전자 분석은 대략 7만 년 전에 인구가 매우 낮은 수준으로 떨어진 인구 병목이 있었다는 추측을 뒷받침한다. 이 병목현상의 원인이 무엇인지를 놓고 화산에서 사회문화적 이유에 이르기까지 열띤 논쟁이 벌어지지만, 대부분의 연구자는 우리가 그런 사건을 쉽게 이길 만큼 인구가 많지 않았던 근본적 이유는 기후의 장기적 예측 불가능성이었다고 생각한다. 이 문제에 관심이 있다면 병목현상을 탐구한 다음 문헌을 참고. Tierney J. E. et al (2017) "A climatic context for the out-of-Africa migration", https://pubs.geoscienceworld.org/gsa/geology/article/45/11/1023/516677/A-climatic-context-for-the-out-of-Africa-migration; Huff, C. D. et al (2010), "Mobile elements reveal small population size in the ancient ancestors of *Homo sapiens*", https://www.pnas.

org/content/107/5/2147; Zeng, T. C. et al (2018), "Cultural hitchhiking and competition between patrilineal kin groups explain the post-Neolithic Y-chromosome bottleneck", *Nature*, https://www.nature.com/articles/s41467-018-04375-6

7 과거 환경의 평균기온을 판단하는 근거로는 얼음 핵, 나이테, 해저 퇴적물 등이 있다. 홀로세 이전 수십만 년 지구의 평균기온은 오늘날보다 훨씬 불규칙했으며 대체로 한랭했다. 미 항공우주국에서 발표한 흥미로운 문헌에서 더 많은 정보를 얻을 수 있다. 다음을 참고. https://earthobservatory.nasa.gov/features/GlobalWarming/page3.php

8 아폴로 탐사선의 모든 교신 기록은 미 항공우주국 웹사이트에 있는데 흥미진진하다. 다음을 참고. https://www.nasa.gov/mission_pages/apollo/missions/index.html

9 영양분의 분배에서 고래가 중요한 역할을 한다는 사실은 뒤늦게 조명받기 시작했다. 고래는 먹이가 있는 곳과 번식하는 곳을 오가면서 영양물질을 가로로 옮기는가 하면 영양분을 대소변의 형태로 심해에서 표층수까지 세로로 옮긴다. 동물이 양분을 농축된 곳에서 옮기는 능력은 산업적 고래잡이 이전에 비해 약 5퍼센트 줄어든 것으로 추정된다. 다음을 참고. Doughty, C. E. (2016), "Global nutrient transport in a world of giants", https://www.ncbi.nlm.nih.gov/pmc/articles/PMC4743783. 메인만에 대한 국지적 연구는 다음을 참고. Roman, J. and McCarthy, J. J. (2010), "The Whale Pump: Marine Mammals Enhance Primary Productivity in a Coastal Basin", PLoS ONE 5(10): e13255, https://doi.org/10.1371/journal.pone.0013255

10 고래잡이의 전 세계적 영향을 추정한 것은 근래의 일로, 이에 따르면 고래잡이가 무게 면에서 인류 역사상 최대의 동물 도태였을지도 모른다

는 사실이 밝혀졌다. 다음을 참고. Cressey, D. (2015), "World's whaling slaughter tallied", *Nature*, https://www.nature.com/news/worlds-whaling-slaughter-tallied-1.17080

11 '글로벌 포레스트 워치'(www.globalforestwatch.org)는 전 세계 숲 면적의 변화를 기록하는 유용한 온라인 자료다. 이는 쉬운 일이 아니다. 대농장은 우주에서 보면 천연림처럼 보일 수 있지만, 실은 생물 다양성이 상대적으로 매우 낮은 서식처다. '지구 숲 생물 다양성 운동'(https://www.gfbinitiative.org)은 숲의 생물 다양성을 더 정확하게 파악하고자 한다. 이곳의 주도적 회원 중 한 명인 토머스 크로더는 전 세계 나무 총계를 조사해 고갈이 가까워졌음을 추정했다. 다음을 참고. "Mapping tree density at a global scale", *Nature* 525, 201~205 (2015), https://doi.org/10.1038/nature14967

12 2016년에 세계자연보전연맹에서는 보르네오 오랑우탄 개체 수를 10만 4,700마리로 추산했다. 1973년의 28만 8,500마리에 비하면 부쩍 줄어든 수치다. 2025년에는 4만 7,000마리까지 줄어들 것으로 예측된다. 다음을 참고. https://www.iucnredlist.org/species/17975/123809220#population

13 진핵세포는 생명의 기원으로부터 약 15억 년 뒤인 20~27억 년 전에 진화한 것으로 널리 추정된다. 다음을 참고. https://www.scientificamerican.com/article/when-did-eukaryotic-cells/. 다세포생물은 약 15억 년 뒤인 5억 년 전에야 진화했다. 다음을 참고. https://astrobiology.nasa.gov/news/how-did-multicellular-life-evolve/

14 2003년 전 세계 어획량 데이터 조사를 시행했는데, 이에 따르면 바다의 대형 어류가 어업 때문에 줄어드는 속도는 놀랄 정도였다. 이 연구에 대한 인터뷰인 루퍼트 머레이Rupert Murray 의 영화 〈더 엔드 오브 더 라

인The End of the Line〉이나 다음을 참고. Myers, R. and Worm, B. (2003), "Rapid Worldwide Depletion of Predatory Fish Communities", *Nature* 423, 280~283, https://www.nature.com/articles/nature01610

15 전 세계 어업 보조금의 영향에 대한 평가로는 다음을 참고. Sumaila et al (2019), "Updated estimates and analysis of global fisheries subsidies", https://doi.org/10.1016/j.marpol.2019.103695; WWF (2019), "Five ways harmful fisheries subsidies impact coastal communities", https://www.worldwildlife.org/stories/5-ways-harmful-fisheries-subsidies-impact-coastal-communities

16 이 역사적 과정에 대한 자세한 내용과 기준선 이동 증후군이 바다에 대한 우리의 기대에 어떻게 영향을 미쳤는가에 대한 자세한 묘사는 다음을 참고. Callum Roberts (2013), *Ocean of Life*, Penguin Books.

17 페름기 말 멸종에 대한 면밀한 분석으로는 다음을 참고. White, R. V. (2002), "Earth's biggest 'whodunit': unravelling the clues in the case of the end-Permian mass extinction", *Philosophical Transactions of the Royal Society of London* 360 (1801): 2963~2985, https://www.le.ac.uk/gl/ads/SiberianTraps/Documents/White2002-P-Tr-whodunit.pdf

18 북극과 남극의 상황은 해마다 급속히 달라진다. 데이터 출처로는 다음을 참고. National Snow and Ice Data Center, https://nsidc.org/data/seaice_index/ 및 National Oceanic and Atmospheric Administration, https://www.arctic.noaa.gov/Report-Card. 세계빙하모니터링서비스World Glacier Monitoring Service, WGMS (https://wgms.ch)에서도 전 세계에서 모니터링 중인 빙하 전부의 데이터를 해마다 취합한다.

19 전 세계 생물 다양성 현황에 대한 가장 포괄적인 보고서는 생물다양성과학기구IPBES의 자료다. 요약본은 다음을 참고. https://ipbes.net/

sites/default/files/2020-02/ipbes_global_assessment_report_sum-mary_for_policymakers_en.pdf. 이와 더불어 WWF의 격년간 보고서 〈Living Planet Report〉에서는 권위 있고 읽기 쉬운 자료를 제공한다. 다음을 참고. https://www.wwfkorea.or.kr/our_earth/resources/

20 국제연합식량농업기구에서는 해양 및 담수 어업 부문에 대한 가장 포괄적인 검토 보고서인 〈The State of World Fisheries and Aquaculture〉를 2년마다 발표한다. 2020년판은 다음을 참고. http://www.fao.org/state-of-fisheries-aquaculture

21 《Riskier Business(위험한 비즈니스)》는 단 일곱 가지 상품(콩과 쇠고기 포함)에 대한 영국 내 수요를 충당하기 위해 영국 바깥에서 얼마나 넓은 땅이 필요한가를 자세히 설명한다. 요약본 및 전체 보고서는 https://www.wwf.org.uk/riskybusiness에서 내려받을 수 있다.

22 전 세계 곤충 감소에 대한 읽기 쉬운 검토 보고서로는 다음을 참고. Goulson, D. (2019), "Insect declines and why they matter", https://www.somersetwildlife.org/sites/default/files/2019-11/FULL%20AFI%20REPORT%20WEB1_1.pdf. 곤충 개체군 복원에 대해서는 다음을 참고. Wildlife Trusts (2020), "Reversing the decline of insects", https://www.wildlifetrusts.org/sites/default/files/2020-07/Reversing%20the%20Decline%20of%20Insects%20FINAL%2029.06.20.pdf

23 여러 동물군의 대표적 개체군에 대한 이 수치는 다음을 참고. Bar-On, Y. M., Phillips, R. and Milo, R. (2018), "The biomass distribution on Earth", *Proceedings of the National Academy of Sciences* 115 (25) 6506~6511, https://www.pnas.org/content/pnas/early/2018/05/15/1711842115.full.pdf

2부
전망: 지구에서 생길 일들

1   두 선도적 기관이 지구의 현황에 대한 분석에 전념한다. 기후변화에 관
    한 정부간 협의체 Intergovernmental Panel on Climate Change, IPCC 는 현재와 미
    래의 기후변화에 대한 정보 출처다(www.ipcc.ch). 생물다양성과학기구
    는 생물 다양성에 대한 정보 출처다(www.ipbes.net). 티핑 포인트 개념
    에 흥미가 있는 사람에게 도움이 될 만한 검토 자료로는 다음을 참고.
    McSweeney, R. (2010), "Explainer: Nine 'tipping points' that could be
    triggered by climate change", https://www.carbonbrief.org/explain-
    er-nine-tipping-points-that-could-be-triggered-by-climate-change

2   이 작업의 자세한 내용과 그 의미에 대해서는 다음을 참고. Rockström,
    J. and Klum, M. (2015), *Big World, Small Planet*, Yale University
    Press(한국어판은《지구 한계의 경계에서》)

3   생물다양성과학기구 연구에 따르면 현재 멸종 속도는 지난 1,000만 년
    평균보다 10~100배 빠르며 20세기 척추동물 종 감소의 평균속도는 표
    준 속도보다 최대 114배 빠르다. 다음을 참고. https://ipbes.net/glob-
    al-assessment

4   아마존 숲이 조만간 고사하리라 예측하는 사람 중에는 브라질의 지
    구시스템과학자 카를루스 노브레 Carlos Nobre 가 있다. 노브레의 유익
    한 인터뷰는 다음을 참고. https://e360.yale.edu/features/will-de-
    forestation-and-warming-push-the-amazon-to-a-tipping-point. 이에 해
    당하는 문헌은 다음을 참고. Nobre, C. A. et al (2016), "Land-use and
    climate change risks in the Amazon and the need of a novel sus-
    tainable development paradigm", https://www.pnas.org/content/

pnas/113/39/10759.full.pdf

5   얼음 감소의 수치에 대한 자료 출처는 다음을 참고. IPCC *Special Report on the Ocean and Cryosphere in a Changing Climate* (2019), https://www.ipcc.ch/srocc/와 *Arctic Monitoring and Assessment Programme Climate Change Update 2019: An Update to Key Findings of Snow, Water, Ice and Permafrost in the Arctic(SWIPA) 2017*, https://www.amap.no/documents/doc/amap-climate-change-update-2019/1761

6   영구동토대 관련 정보는 다음을 참고. Global Terrestrial Network for Permafrost. https://gtnp.arcticportal.org/

7   백화현상과 산호초 감소에 대한 핵심 데이터 출처는 미국 정부의 해양 대기국 산호초감시사업 NOAA Coral Reef Watch (https://coralreefwatch.noaa.gov)이다. 이곳은 위성 데이터에 지리 정보 시스템을 접목해 전 세계 바다의 상태를 모니터링한다. 자세한 내용은 세계산호초모니터링네트워크 Global Coral Reef Monitoring Network의 보고서를 참고. https://gcrmn.net/products/reports/

8   국제연합식량농업기구에서는 전 세계 농업 및 식량 생산에 대한 보고서를 빈번히 발표한다. 주요 보고서 중 하나는 2015년부터 발표되는 〈Status of the World's Soil Resources〉로, 현대식 산업적 농업의 지속 가능성에 대해 중요한 우려를 내놨다. 다음을 참고. http://www.fao.org/3/a-i5199e.pdf

9   전 세계에서 곤충이 줄어드는 사실은 널리 받아들여진다. 미래의 곤충 생물 다양성 감소에 대한 예측을 평가하기는 힘들지만, 2019년에 선도적이고 인정받는 문헌이 발표됐다. 다음을 참고. "Worldwide decline of the entomofauna: A review of its drivers", https://www.sciencedirect.com/science/article/pii/S0006320718313636

10 코로나19 대유행 기간에 생물다양성과학기구에서는 바이러스의 등장
    과 환경 파괴의 연관성을 외부 문헌에서 분명히 지적했다. 다음을 참고.
    https://ipbes.net/covid19stimulus

11 IPCC는 기후변화의 과학을 평가하는 주도적인 국제기구다. 〈Oceans
    and the Cryosphere in a Changing Climate〉에 대한 2019년 보고서에
    는 해수면 상승에 대한 예측치가 실렸다. 다음을 참고. https://www.
    ipcc.ch/srocc/chapter/summary-for-policymakers/

12 C40 도시 조직(https://www.c40.org)은 기후변화에 대처하려는 전 세
    계 대도시 네트워크다. 도시가 지구온난화로 어떤 영향을 받을지, 도시
    가 당면 문제를 어떻게 해결해야 할지에 대한 정보 출처다.

13 기후변화의 향후 영향을 예측하는 모형은 여러 가지가 있다. 2100년
    까지 지구 온도가 4도 높아질지도 모른다는 모형은 IPCC 5차 평가의
    RCP8 시나리오에 따랐다. 다음을 참고. https://www.ipcc.ch/assessment
    -report/ar5/. 평균기온이 29도 이상인 지역에서 전 세계 인구의 4분의
    1이 살리라는 예측은 다른 모형화 가정을 채택하는데, 더 극단적인 예
    측에 기반을 두긴 하지만 가능성이 있는 결과로 평가받는다. 다음을 참
    고. Xu, C. et al (2020), "Future of the human climate niche", *Proceedings
    of the National Academy of Sciences* 2020년 5월, 117 (21), 11350~11355,
    https://www.pnas.org/content/early/2020/04/28/1910114117

3부
지구를 복원하는 방법

1   이 수치의 출처는 다음을 참고. https://www.gov.uk/government/pub-
     lications/final-report-the-economics-of-biodiversity-the-dasgupta-re-
     view. 이 검토 보고서에서는 현대 경제에서 자연의 혜택을 더 적절히 평
     가하는 방법에 대한 설득력 있는 논증을 낸다. 다음을 참고. https://
     www.gov.uk/government/publications/interim-report-the-dasgup-
     ta-review-independent-review-on-the-economics-of-biodiversity

2   레이워스의 책《도넛 경제학Doughnut Economics》은 우리의 현재 경제체제
     가 자연계의 현실과 부합하지 않음을 탁월하게 지적한다. 또한 도넛 모
     형을 자세히 설명하며 경제를 지속 가능하게 구성하는 방법에 대해 많
     은 지침을 낸다.

3   열대우림은 오래된 생태계인 경우가 많다. 열대우림의 역사와 역할에
     대한 검토로는 다음을 참고. Ghazoul, J. and Sheil, D. (2010), *Tropi-
     cal Rain Forest Ecology, Diversity, and Conservation*, Oxford University
     Press.

4   〈The Dasgupta Review: Independent Review on the Economics of
     Biodiversity – an interim report〉에서는 성공을 평가하는 기준으로
     GDP 대신 환경 피해의 실제 비용을 포함하는 국내 순생산Net Domestic
     Product, NDP을 도입해야 한다고 제안한다. 다음을 참고. https://www.
     gov.uk/government/publications/interim-report-the-dasgupta-re-
     view-independent-review-on-the-economics-of-biodiversity. 지구 행복
     지수에 대한 자세한 정보로는 다음을 참고. http://happyplanetindex.
     org/

5 이 데이터의 주요 출처와 전 세계 에너지 정보에 대한 출처로는 국제에
너지기구International Energy Agency (www.iea.org)가 있다.

6 탄소 예산의 세계는 매우 전문적인 영역이다. 다음을 참고. https://www.
ipcc.ch/sr15/chapter/chapter-2/. 미래의 배출 전망에 대한 설명으로
는 다음을 참고. https://ourworldindata.org/co2-and-other-green-
house-gas-emissions#future-emissions

7 프로젝트 드로다운Project Drawdown (www.drawdown.org)은 비영리단
체로, 기후변화를 완화하는 조치에 대해 방대하면서도 읽기 쉬운 분석
을 취합했으며 각 자료를 상대적 중요도에 따라 평가했다.

8 운송업에 미칠 변화에 대한 급진적 전망으로는 다음을 참고. https://
www.rethinkx.com/transportation

9 스톡홀름복원력연구소Stockholm Resilience Centre (https://www.stock-
holmresilience.org)는 지구 시스템 및 지속 가능성 사고에 대한 등대
역할을 한다. 지구 위험 한계선 모형의 주축이었으며 각국 정부에 환경
정책 관련 자문을 제공한다.

10 최선의 에너지 전환 방법 중 몇 가지에 대해서는 다음을 참고. https://
www.wwf.org.uk/updates/uk-investment-strategy-building-back-re-
silient-and-sustainable-economy

11 생태계에서 탄소를 포집하고 저장하는 능력의 증가를 생물 다양성 증
가와 연관 짓는 연구 사례로는 다음을 참고. Atwood et al (2015), https://
www.nature.com/articles/nclimate2763. 이 문헌은 최상위 포식자
가 사라지자 초식동물이 증가하여 뉴잉글랜드 염습지와 오스트레일리
아 해초 생태계의 CCS 능력이 줄었음을 보여 준다.; Liu et al (2018),
https://royalsocietypublishing.org/doi/full/10.1098/rspb.2018.1240.
이 문헌은 중국 아열대우림의 풍부한 수종이 숲의 CCS 능력을 높였

음을 밝혀냈다. Osuri et al (2020), https://iopscience.iop.org/article/10.1088/1748-9326/ab5f75. 이 문헌은 천연림의 CCS 능력이 인도 대농장보다 뛰어남을 밝혀냈다.

12 해양보호구역의 현황에 대한 유용한 정보는 프로텍티드 플래닛Protected Planet에서 얻을 수 있다. 다음을 참고, https://www.protectedplanet.net/marine. 단, 모든 보전구역이 효과적으로 관리되지 않음에 유의하라. 실제로 일부 추정치에 따르면 MPA를 실질적이고 효과적으로 운영하는 비율은 약 50퍼센트에 불과하다.

13 스미스소니언연구소Smithsonian에서는 카보 풀모 해양보호구역의 성공 사례를 자세히 보고한다. 이 자료에서는 지역사회가 MPA와 보전 사업 일반에 동참하도록 하는 것이 얼마나 중요한지 잘 보여 준다. 다음을 참고. https://ocean.si.edu/conservation/solutions-success-stories/cabo-pulmo-protected-area

14 해안 생태계가 탄소를 포집하고 제거하는 효율성에 대한, 또한 이 목적을 위해 맹그로브숲, 염습지, 해초지를 복원하려는 시도에 대한 자세한 내용은 다음을 참고. https://www.thebluecarboninitiative.org/. 해양보호구역의 설계에 대한 자세한 내용이 궁금하다면 오스트레일리아에서 발표한 흥미로운 자료가 있다. 다음을 참고. https://ecology.uq.edu.au/filething/get/39100/Scientific_Principles_MPAs_c6.pdf

15 해양 환경에서는 어업자원 개체군을 판단하고 어업 선단 활동을 모니터링하기가 유난히 힘들다(두 활동은 지속 가능성을 보장하는 데 필요하다). 이 문제는 기존 인증 체계로 대응을 시도하나 아직 온전히 해결되지는 않았다.

16 '해양법에 관한 국제연합 협약'은 전 세계의 바다 이용에 대한 현행 국제협약이다. 현재 수십 년 만에 처음으로 개정되며 지속 가능성을 개정 내

용의 핵심으로 삼기 위해 많은 사람이 열심히 노력한다. 이 변화를 올바르게 추진하면 인간과 바다의 관계를 탈바꿈시킬 수 있다. 자세한 정보는 다음을 참고. https://www.un.org/bbnj/

17 어획량과 양식업 생산에 대한 수치는 국제연합식량농업기구의 〈State of World Fisheries and Aquaculture〉에서 정기적으로 보고한다. 2020년 판은 다음을 참고. http://www.fao.org/state-of-fisheries-aquaculture

18 지속 가능한 양식 관리 위원회Aquaculture Stewardship Council, ASC (https://www.asc-aqua.org)에서는 책임감 있는 양식업을 위한 인증 및 표시 프로그램을 관리한다. 연어와 패류 양식 생산에 대한 녹색 표시를 찾으라.

19 바이오에너지 탄소 포집 및 저장BioEnergy with Carbon Capture and Storage, BECCS 기술은 대기 중에서 탄소를 제거하는 동시에 열이나 전기를 생산하는 방법으로서 현재 연구 중이다. 이 방법을 대규모로 시행하면 식량 생산이나 자연 서식처와 공간 경쟁을 벌이는 바이오에너지 작물의 압박을 덜 수 있다. 다시마는 바이오에너지 작물로서 이점이 있다. 복원된 다시마숲은 생물 다양성이 높은 서식처로, 다시마는 매우 빨리 자라기에 정기적이되 적절히 관리되는 수확을 감당할 수 있다.

20 인간이 땅을 쓰는 방식에 대한 생생한 설명으로는 아워 월드 인 데이터Our World in Data가 있다. 다음을 참고. https://ourworldindata.org/land-use

21 IPCC의《Special Report on Climate Change and Land(유엔 기후변화에 관한 정부 간 협의체의 기후변화와 토지에 관한 특별 보고서)》는 토지 이용이 기후에 미치는 영향에 대해 매혹적인 통찰을 선사한다. 다음을 참고. https://www.ipcc.ch/srccl/chapter/summary-for-policy-makers/

22 토양의 역할에 대해서는 아직 밝힐 것이 많다. 건강한 흙에서 사는 미

생물과 무척추동물은 서로 또한 주변의 식물과 수많이 복잡한 방식으로 상호작용을 한다. 높은 토양 생물 다양성이 핵심 영양소 고정, 토양의 조건, 식물 생장, CCS에 근본적으로 중요하다는 사실이 명백해진다. 다음을 참고. Hirsch, P. R. (2018), "Soil microorganisms: role in soil health", in Reicosky, D. (ed.), *Managing Soil Health for Sustainable Agriculture*, Volume 1: 'Fundamentals', Burleigh Dodds, Cambridge, UK, pp. 169~196. 식량 생산 체계와 무엇이 달라져야 하는가에 대한 개요가 궁금하다면 다음을 참고. FOLU (2019), *Growing Better: Ten Critical Transitions to Transform Food and Land Use*. 여기서는 "2030년이 되면 식량 및 토지 이용 체계가 기후변화를 통제하고 생물 다양성을 보호하고 우리에게 더 건강한 식단을 보장하고 식량 안전을 획기적으로 개선하고 농촌 경제의 범위를 확대하는 방법을 보여 준다." 다음을 참고. https://www.foodandlandusecoalition.org/wp-content/uploads/2019/09/FOLU-GrowingBetter-GlobalReport.pdf

23 네덜란드 바헤닝언대학교는 농업의 지속 가능성을 개선하는 첨단 기술 접근법을 연구하는 선도적 연구소이며 이 네덜란드 농장 일부에서 시험하는 많은 기법과 관련해 중요한 역할을 했다. 다음을 참고. https://weblog.wur.eu/spotlight/

24 재생 농법에 대한 두 가지 선도적 정보는 다음을 참고. https://regenerationinternational.org; Burgess, P. J., Harris, J., Graves, A. R., Deeks. L. K. (2019), *Regenerative Agriculture: Identifying the Impact; Enabling the Potential*, Report for SYSTEMIQ, 2019년 5월 17일, Cranfield University, Bedfordshire, UK, https://www.foodandlandusecoalition.org/wp-content/uploads/2019/09/Regenerative-Agriculture-final.pdf

25 각국의 평균적 식단으로 전 세계 인구를 먹여 살리기 위해 전 세계에서 땅이 얼마나 필요한지에 대해서는 다음을 참고. https://ourworldindata.org/agricultural-land-by-global-diets. 전 세계 육류 소비 데이터는 다음을 참고. https://ourworldindata.org/meat-production#which-countries-eat-the-most-meat

26 이와 관련한 선도적 보고로는 다음을 참고. EAT-Lancet commission (2019), "The Planetary Health Diet and You", https://eatforum.org/eat-lancet-commission/the-planetary-health-diet-and-you/; FAO, *Sustainable Diets and Biodiversity* review (2010), http://www.fao.org/3/a-i3004e.pdf

27 이 평가는 옥스퍼드대 식량미래프로그램Programme on the Future of Food의 문헌에서 인용했다. 다음을 참고. Springmann, M. et al (2016), *Analysis and valuation of the health and climate change cobenefits of dietary change*, https://www.pnas.org/content/early/2016/03/16/1523119113

28 인용 출처는 https://www.theguardian.com/business/2018/nov/01/third-of-britons-have-stopped-or-reduced-meat-eating-vegan-vegetarian-report와 https://www.foodnavigator-usa.com/Article/2018/06/20/Innovative-plant-based-food-options-outperform-traditional-staples-Nielsen-finds. 한 조사에 따르면 영국에서 육류 섭취를 줄인 사람의 비율은 2017년의 28퍼센트에서 2019년에 39퍼센트로 늘었다. 다음을 참고. https://www.mintel.com/press-centre/food-and-drink/plant-based-push-uk-sales-of-meat-free-foods-shoot-up-40-between-2014-19

29 식량 생산의 혁명을 통해 농업 부문이 얼마나 빠르고 방대하게 달라질 수 있는가에 대한 급진적 검토 보고서로는 다음을 참고. FAO study

(2012), 《World Agriculture towards 2030/2050》, http://www.fao.
org/3/a-ap106e.pdf

30 식물성 식품을 섭취할 경우 필요한 1인당 땅은 현대 농업의 생산성 증
가 덕에 실제로 빠르게 줄어든다. 이 추세에 대한 데이터와 (FAO 데이
터를 토대로 한) 미래에 필요한 땅 면적에 대한 일련의 예측에 대해서는
다음을 참고. https://ourworldindata.org/land-use#peak-farmland

31 국제연합 레드플러스 사업에 대한 자세한 정보는 다음을 참고. https://
www.un-redd.org/

32 산림관리협의회Forestry Stewardship Council, FSC (https://www.fsc.org)는
국제 비영리단체로, 환경적으로 적절하고 사회적으로 이롭고 경제적으
로 실현 가능한 전 세계 숲 관리를 목표로 삼으며 국제 숲 인증 시스템
을 운영한다. FSC의 녹색 표시는 목재나 목제품이 지속 가능하며 공정
하게 관리되는 숲에서 나왔다는 인증이다.

33 지속 가능한 열대림의 좋은 예는 보르네오 사바의 데라마코트 숲 보
전구역으로, 산림관리협의회에 의해 1997년 이래로 지속 가능성 인증
을 받았는데, 이는 어느 열대림보다도 오랜 기간이다. 벌목은 생물 다
양성이 유지되도록 면밀하게 관리되며 실제로 조사에 따르면 보전구
역의 생물 다양성은 사바의 기타 원시림과 매우 비슷하다. 데라마코
트에 대한 흥미로운 사연과 짧은 영상은 다음을 참고. https://www.
weforum.org/agenda/2019/09/jungle-gardener-borneo-logging-sus-
tainably-wwf/

34 이를테면 영국 정부는 땅을 지금처럼 경작하는 것이 아니라 생물 다양
성 및 탄소 포집을 포함한 땅의 '공익'을 바탕으로 농민에게 보조금을
주는 방안을 검토한다. 이 정책이 충분한 정도까지 추진될지 회의적인
사람이 있지만, 야생·농촌 연합Wildlife and Countryside Link의 조사에 따르

면 적어도 잉글랜드 농촌은 이 전환을 지지한다. 다음을 참고. https://www.wcl.org.uk/assets/uploads/files/WCL_Farmer_Survey_Report_Jun19FINAL.pdf

35 버렐과 트리가 서섹스 농장을 재야생화한 사연은 이저벨라의 책《Wilding(와일딩)》에 경이롭게 서술됐다. 이 책은 농업에 대한 현대적 접근법의 여러 문제와 자연이 (기회가 생기면) 얼마나 회복될 수 있는가를 속속들이 설명한다. 우리가 다채로운 생태계에서 얻을 수 있는 혜택도 보여 준다. 농장은 토양의 건강이 개선되고 홍수가 완화되는 등 탄소 포집 효과가 부쩍 향상됐다.

36 재야생화 사업은 전 세계에서 터를 다지며, 생물 다양성과 자연적 과정을 경관 규모로 복원할 수 있는 접근법의 채택이 늘어난다. 이런 사례로는 영국에서 가장 사랑받는 장소인 레이크디스트릭트의 심장부에서 진행 중인 혼합 이용 생산 경관에서의 에너데일 사업, 미국에서 토착 프레리 초원을 연결하고 복원하는 아메리칸 프레리 보전 사업, 다뉴브강 삼각주 복원처럼 리와일딩 유럽Rewilding Europe이 지원하는 유럽 전역의 사업이 있다. 자세한 정보는 다음을 참고. http://www.wildennerdale.co.uk/, https://rewildingeurope.com/space-for-wild-nature/, https://rewildingeurope.com/areas/danube-delta/

37 옐로스톤 국립공원의 늑대 복원과 생물 다양성에 미친 영향에 대한 자체적 설명은 다음을 참고. https://www.nps.gov/yell/learn/nature/wolf-restoration.htm

38 나무 복원으로 기후변화를 완화할 잠재력에 대한 이 기념비적 보고서는 국제연합식량농업기구와 토머스 크로더 연구실에서 작성했다. 나무 심기를 화석연료 이용 감축의 대안으로 간주해서는 안 되지만, 보고서에 따르면 나무가 없는 지대가 17억 헥타르이고 그곳에 1조 2,000억

그루의 어린나무가 자랄 수 있다고 한다. 다음을 참고. https://science. sciencemag.org/content/365/6448/76

39 유엔 인구국UN's Population Division은 세계 인구 데이터에 대한 권위 있는 기관이다. 2019년에 발표한 〈세계 인구 전망World Population Prospects〉 에서는 여러 가정에 따른 2100년 세계 인구 전망을 낸다. 다음을 참고. https://population.un.org/wpp/. 이 데이터를 읽기 쉽게 정리한 자료로는 다음을 참고. https://ourworldindata.org/future-population-growth

40 지구 생태 용량 초과의 날과 계산법에 대한 자세한 설명은 다음을 참고. https://www.overshootday.org

41 아워 월드 인 데이터는 인구 데이터를 비롯한 많은 자료의 빼어난 출처다. 세계 인구 성장, 미래 인구 전망, 출생률, 기대 수명 등 인구 구성의 여러 측면이 실렸다. 다음을 참고. https://ourworldindata.org/world-population-growth

42 로슬링은 저명한 사회학 소통가다. 그의 작업은 갭마인더재단Gapminder Foundation(https://www.gapminder.org)에서 소장 중이다. 해당 사이트에는 인구와 빈곤 현황에 대한 대화형 도구와 동영상이 많이 실렸다.

43 중국의 한 자녀 정책과 타이완의 출생률 감소를 비교한 자료로는 다음을 참고. https://ourworldindata.org/fertility-rate#coercive-policy-interventions

44 국제연합여성기구UN Women(https://www.unwomen.org/en)와 국제연합인구기금UN Population Fund(https://www.unfpa.org)에서는 이 문제 중 상당수에 대해 신중한 논평을 낸다.

45 비트겐슈타인연구소Wittgenstein Centre의 방법론에 대한 자세한 설명은 다음을 참고. https://iiasa.ac.at/web/home/research/researchPrograms/WorldPopulation/Projections_2014.html

46 엘런맥아더재단Ellen MacArthur Foundation(https://www.ellenmacarthur-foundation.org)의 목표는 현실 가능한 순환 경제를 이루기 위한 논의와 행동 장려다. 이곳의 웹사이트는 이 주제에 대한 정보와 아이디어의 풍성한 공급원이다. 이와 더불어 레이워스의 《도넛 경제학》은 이런 시스템이 어떻게 생길 수 있는지 통찰력을 얻을 수 있는 자료다.

47 국제연합식량농업기구의 2019년 보고서 〈The State of Food and Agriculture〉에는 오늘의 세계의 음식물 쓰레기에 대한 방대한 조사와 음식물 쓰레기 감소 방법에 대한 검토가 실렸다. 다음을 참고. http://www.fao.org/state-of-food-agriculture/2019. 음식물 쓰레기를 줄이는 법에 대한 구체적 지침은 다음을 참고. WWF-WRAP (2020), *Halving Food Loss and Waste in the EU by 2030: The Major Steps Needed to Accelerate Progress*. https://wwfeu.awsassets.panda.org/downloads/wwf_wrap_halvingfoodlossandwasteintheeu_june2020_2_.pdf

48 2016년 170개국이 조인한 몬트리올 의정서 키갈리 수정안에서는 수명이 다한 HFC 냉장고의 올바른 관리 및 처리를 각국 정부에 촉구한다. 프로젝트 드로다운에서는 자신들의 검토 자료에서 나열한 기후 해결책 80개 중에서 이것을 첫 번째로 꼽는다. 그들은 이 방법으로 이산화탄소 90기가톤에 해당하는 온실가스가 대기 중에 방출되는 것을 막으리라 추정한다.

푸른 행성을 위한 증언

초판 1쇄 인쇄일 2025년 12월 8일
초판 1쇄 발행일 2025년 12월 24일

지은이 데이비드 애튼버러 · 조니 휴스
옮긴이 노승영

발행인 조윤성

편집 김예린 **디자인** 정효진 **마케팅** 최기현
발행처 ㈜SIGONGSA **주소** 서울시 성동구 광나루로 172 린하우스 4층(우편번호 04791)
대표전화 02-3486-6877 **팩스(주문)** 02-598-4245
홈페이지 www.sigongsa.com / www.sigongjunior.com

이 책의 출판권은 ㈜SIGONGSA에 있습니다. 저작권법에 의해
한국 내에서 보호받는 저작물이므로 무단 전재와 무단 복제를 금합니다.

ISBN 979-11-7125-883-3 03450

┌─ **WEPUB** 원스톱 출판 투고 플랫폼 '위펍' _wepub.kr ─┐
위펍은 다양한 콘텐츠 발굴과 확장의 기회를 높여주는
SIGONGSA의 출판IP 투고·매칭 플랫폼입니다.